本书系韶关学院引进（培养）人才项目"粤北青少年心理(

青少年的差序信任

——基于Z世代的实证研究

王礼申 席丹丹◎著

吉林大学出版社
·长春·

图书在版编目（CIP）数据

青少年的差序信任：基于 Z 世代的实证研究 / 王礼申，席丹丹著. -- 长春：吉林大学出版社，2025.5.
ISBN 978-7-5768-4951-6

Ⅰ．B844.2；C912.6

中国国家版本馆 CIP 数据核字第 20252HK381 号

书　　名：青少年的差序信任——基于 Z 世代的实证研究
　　　　　QING-SHAONIAN DE CHAXU XINREN——JIYU Z SHIDAI DE SHIZHENG YANJIU
作　　者：王礼申　席丹丹
策划编辑：卢　婵
责任编辑：卢　婵
责任校对：单海霞
装帧设计：文　兮
出版发行：吉林大学出版社
社　　址：长春市人民大街 4059 号
邮政编码：130021
发行电话：0431-89580036/58
网　　址：http://www.jlup.com.cn
电子邮箱：jldxcbs@sina.com
印　　刷：武汉鑫佳捷印务有限公司
开　　本：787mm×1092mm　　1/16
印　　张：8.5
字　　数：100 千字
版　　次：2025 年 5 月　第 1 版
印　　次：2025 年 5 月　第 1 次
书　　号：ISBN 978-7-5768-4951-6
定　　价：68.00 元

版权所有　翻印必究

序　言

人类的发展和社会的进步需要沟通和互助。信任是人际互动的基础，是人与人、人与政府和人与组织之间交互十分关键的要素，也是促进彼此有效沟通的基石，在现代社会中发挥着不可或缺的作用。

中国传统社会中道德体系的出发点是以"己"为中心的社会关系网络。"亲亲""尊尊"是西周贯穿于周礼中的两条基本原则，也是中国宗法制度的萌芽。1947年，社会学家费孝通先生将出现这种由同样事件却引起不同道德观念、道德判断和道德选择现象的原因，归于"差序格局"，即人们的道德心理受亲疏远近等差序的影响，这也是中国传统社会中以"己"为中心出发点的差序社会关系网络。随着我国现代化进程和改革开放后国际化发展，传统视野中的差序格局正逐渐向伦理、情感和利益的三维"新差序格局"转变，民众对他人、政府或组织的信任也出现新的特点。

现代社会学、政治学和心理学等学科的研究沿袭并发展了差序的内涵。学者普遍认为差序格局的形成有地缘、血缘、经济水平、政治地位、知识文化水平等因素。"朋友圈"的大小和血缘、地缘等远近成正比。血缘关系越近，圈子就越亲密，其属性规则以血缘伦常为基础。地缘越接近就越易形成差序圈，如"近水楼台先得月"。经济水平和政治地位常常象征着可支配权力的大小，也是影响圈子大小的重要因素。圈层的形成可能是受一种因素影响，也可能是几种因素的综合作用。

"亲亲"反映的是横向的亲缘差序；"尊尊"包含有权威影响力的差序，即纵向的等级化的"差序"。纵向等级化的差序主要表现为个体对于"己"或"己位"为中心的上下级关系。这里的影响力是对"己"的直接影响力，即个人感受到的来自对方的影响，这种权威和影响力并不等同于社会地位。

除此之外，差序还可能表现为职业圈层差别。《管子·小匡》首次提到"士农工商四民者，国之石民也"。《汉书·艺文志》提出"九流"，即儒家、道家、阴阳家、法家、名家、墨家、纵横家、杂家、农家，后人逐渐将"九流"理解成职业等级。职业差序的界定较为复杂且争议较大。"尊重每一种职业""职业面前人人平等"是人们理性道德的表现。但在为自己或子女选择职业时，人们对职业的评价和选择就会呈现出鲜明的取向性。也就是说，在价值观体系中，人们往往存在着"职业有分层"的认知。

根据近年来流行的代际划分标准，将出生于1945—1965年的人称为婴儿潮的一代，出生于1965—1979年的人称为X世代，出生于1980—1995年的人称为Y世代，出生于1995—2009年的人称为Z世代，2009年以后出生的人称为α世代。据2022年的《Z世代洞察报告》数据统计，全球Z世代人口占比25.2%；我国的Z世代人数约为2.6亿，占比19%。社会的快速发展正在悄无声息地改变着人类的思想，每一代人似乎都有其独特的"道德属性"

序 言

或"道德标签"。信任作为道德范畴中十分重要的内容，其内容和表现也随着经济社会发展在一代又一代人的身上无声地改变着。时代文化赋予信任新的内涵和表现，需要从文化背景和时代变迁中考察新一代信任的内容和作用机制。那么，作为网络原住民的Z世代，对他人、家庭、学校及政府机构的信任，关系着国家发展的希望和民族的未来。

本书共六章，由韶关学院王礼申和华南师范大学博士研究生席丹丹共同完成。席丹丹负责第1~3章的写作，王礼申负责第4~6章的写作。第1章系统梳理了信任的概念、人际关系的差序性和信任的差序性3个主要概念的内涵。第2章从社会学和心理学角度探究Z世代青少年在亲缘关系差序性的现状及差序信任的表现。第3章探究Z世代青少年在等级关系差序性的现状及差序信任的表现。第4章探究Z世代青少年在职业圈层差序性的现状及差序信任的表现。第5章运用心理学中的内隐研究方式去探究差序关系与信任之间的深层联系，考察人际关系差序性对Z世代青少年在不同的亲疏关系模式和等级关系模式下的人际信任原则的影响，此章感谢陈云奕的贡献。第6章是对青少年差序信任的总讨论。

古希腊哲学家赫拉克利特（Heraclitus）说："世上唯有变化才是永恒。"在如今瞬息万变的时代背景下，这句哲思依然闪耀着智慧的光芒。变化是宇宙的常态，也是人类社会发展的核心动力。青少年群体的思想、行为和价值观的变化，往往最能反映时代的变迁。一代又一代青少年的认知、思维、情感和行为方式，或悄无声息，或轰轰烈烈地发生着变化。这些变化不仅影响着他们自身的成长轨迹，也深刻塑造着整个社会的未来图景。

近年来，随着科技的飞速发展和全球化进程的加速，青少年的成长环境发生了翻天覆地的变化。尤其是Z世代青少年，他们出生于互联网时代，成长于信息爆炸的环境中，数字化、虚拟化和全球化成为他们生活的底色。与前辈相比，Z世代青少年在认知方式、思维模式、社交习惯以及价值观上都呈现出显著的不同。他们更加依赖数字技术获取信息，更习惯于通过社交媒体进行沟通，也更注重个性表达和多元文化的包容。这些变化不仅体现在他们的日常生活中，也深刻影响了他们对世界的理解和对人际关系的构建。

信任，这一人类社会的基本纽带，也在Z世代青少年中呈现出新的特点。信任是人际关系的基石，是社会协作的前提，更是青少年成长过程中不可或缺的情感支撑。然而，随着社会环境的变化，青少年建立信任的方式和对象也在悄然改变。传统的信任模式往往基于面对面的互动和长期的交往。而在数字化时代，青少年更多地通过虚拟空间建立联系，信任的构建也因此变得更加复杂和多维。他们可能对陌生网友产生信任，却对身边的权威保持怀疑；他们可能对技术平台充满依赖，却对传统机构持保留态度。这种"差序信任"的特点，既反映了时代的变化，也揭示了青少年心理和行为的新趋势。

为了更好地理解Z世代青少年的信任特点，我们开展了深入的实证研究，并最终出版本书。本书以大量的调查数据和案例分析为基础，试图揭示Z世代青少年在信任构建中的独特模式。我们关注的核心问题如下：在数字化和全球化的双重影响下，Z世代青少年如何定义信任？他们在不同情境下如何分配信任？他们的信任模式与前辈相比有何异同？通过对这些问题的探讨，我们希望能够为教育工作者、家长以及政策制定者提供有价值的参考，帮助他们更好地理解和支持青少年的成长。

本书不仅是一部学术著作，更是一份关于时代变迁和青少年成长的记录。我们希望通过这本书，能够引发更多人对青少年信任问题的关注，也

序　言

期待能够为构建更加包容和理解的社会贡献一份力量。毕竟，青少年的变化不仅是他们个人的成长，也是整个社会的未来。唯有了解他们的变化，我们才能更好地陪伴他们走向未来，迎接属于他们的时代。

本书的研究和写作定有疏漏之处，请各位读者不吝赐教。

王礼申　席丹丹

2025年3月

目 录

第1章 信任的差序性 ··· 1

  1.1 信任的含义 ··· 2

  1.2 信任的相关理论 ··· 6

  1.3 信任的测量方法 ·· 11

  1.4 人际关系的差序性内涵及表现 ································· 13

  1.5 信任的差序性内涵及表现 ····································· 18

  1.6 Z世代青少年差序信任的研究内容及意义 ······················ 20

第2章 亲缘关系差序性对青少年信任的影响研究 ···················· 32

  2.1 青少年亲缘关系差序信任的现状调查 ·························· 32

  2.2 亲疏关系对青少年信任的影响 ································ 39

第3章 等级关系差序性对青少年信任的影响研究 ···················· 45

  3.1 青少年等级关系差序信任的现状调查 ·························· 45

3.2 等级差序关系对青少年信任的影响 ························· 50

第4章 职业圈层差序性对青少年信任的影响研究 ············· 55
4.1 青少年信任圈层差序信任的现状调查 ····················· 55
4.2 职业声望对青少年信任判断和信任决策的影响 ············· 60

第5章 青少年差序信任的内隐实验 ························· 66
5.1 相关研究基础 ··· 67
5.2 差序信任的相关研究 ··································· 69
5.3 问题的提出 ··· 71
5.4 研究方法 ··· 72
5.5 研究一：亲疏圈层下的信任研究 ························· 73
5.6 研究二：等级圈层下的信任研究 ························· 78
5.7 讨论 ··· 81
5.8 不足与展望 ··· 83

第6章 讨论与结论 ······································· 84
6.1 青少年差序关系的特点 ································· 85
6.2 青少年差序信任的现状 ································· 86
6.3 差序关系对青少年信任的影响 ··························· 87
6.4 结论 ··· 88

参考文献 ·· 91

附录 调查问卷 ·· 109

后记 ·· 122

第 1 章　信任的差序性

美国作家泽文（Gabrielle Zevin，2022）在《岛上书店》中说："没有人是一座孤岛。"人类的发展和社会的进步需要沟通和互助。信任是人际互动的基础，是人与人、人与组织和人与政府之间互动十分关键的要素，也是促进人与人、组织与组织之间有效沟通的基石，在现代社会中发挥着不可或缺的作用。

《中国社会心态研究报告》通过对10余年（2011—2024年）的国民心理健康调查发现，中国社会总体信任程度不容乐观。有些年份甚至低于信任"及格线"，出现了人际不信任扩大化、群体间不信任加深等新问题，并产生了由信任水平降低而导致的社会内耗和冲突增多的现象。

中国传统社会中道德体系的出发点是以"己"为中心的社会关系网络。"亲亲""尊尊"是贯穿于周礼中的两条基本原则，也是中国宗法制度的萌芽。1947年，社会学家费孝通先生将出现这种由同样事件却引起不同道德观念、道德判断和道德选择现象的原因，归于"差序格局"，即人们的道德心理受亲疏远近等差序的影响，这也是中国传统社会中以"己"

为中心出发点的差序社会关系网络。依据费孝通先生的"差序格局"说，我国传统民众通常按血缘关系划分"自己人"和"外人"，信任度往往随着血缘关系由亲至疏呈现逐步递减趋势。

随着时代变迁和社会转型，人口流动、职业流动和阶层流动与日俱增，传统东方集体主义式"熟人社会"逐渐向"契约社会"转变。这导致一部分人表现出集体主义式微，个人主义被推崇，家族意识淡化，传统人际互动的仪式感和重要性逐渐降低，长期稳定的、高黏合度的人际关系逐渐被易变的、临时的、匿名的交往模式所取代。此外，还存在部分熟人之间抢夺生存空间和有限资源、同行间的嫉妒和竞争等，冲击着传统伦理底线，动摇了人际的信任，甚至引发信任危机。

时代在发展，历史在前进。在滚滚洪流中，部分人群的信任感飘忽不定。新一代青少年是否依然存在人际差序性？他们的信任是否受到人际关系差序性的影响？如何帮助青少年树立正确的信任观念？对这些问题的探索是了解新生代的思想动向的重要途径，同时对培养下一代形成正确信任观、积极的信任行为至关重要。

1.1 信任的含义

不同学科对"信任"的概念有着不同的界定。东汉经学家许慎在《说文解字》中将"信"解释为"诚也，从人言"。"信"是儒家"五常"之一，是重要的道德原则。《论语》曰："人而无信，不知其可也。"《弟子规》曰："弟子规，圣人训。首孝悌，次谨信。"《韩非子》中的"曾子杀猪"、《史记》中的"季布一诺"（季子挂剑），都已成为"信"的典范。"信"是个会意字，左边是人，右面是言，最初表示"一个人所说的话真实可信"。例如，《老子》"信言不美，美言不信"中的"信"即"言语真实"之意。从个体人格角度出发，信有"诚"之意。《中庸》中有"诚者，天之道也；诚之者，人之道也"。这句话的意思是诚是上天的准则，而追求诚是为人的基本准则。纵观多种历史观点，"信"的基本含义是相信。"任"字有任用、官职、保举、承担、听凭、信任等含义。《辞源》中并无"信任"一词。最早将"信""任"联结在一起的句子可追溯至《论语》中"宽则得众，信则人任焉"。庄子也曾说："无行则不信，不信则不任。"由此可见，信任是指信任者对被信任对象"信"和"任"的统一。《现代汉语词典》把"信任"解释为"相信而敢于托付"，这是信任在现代社会中的基本含义。

西方学者从20世纪50年代就开始对信任展开研究，比较有代表性的是美国社会心理学家多伊奇（Morton Deutsch）通过"合作与竞争"的主题研究开启了心理学领域关于信任研究的先河。其他学科领域对信任也提出了很多不同的观点：社会学对信任的诠释是对未来行为的一种期望；经济学角度认为信任具有"风险性"和"不确定性"；伦理学认为信任暗示了一种道德价值判断；政治学将信任诠释为预期、习惯和情感三因素互动的结果（牟永福，胡鸣铎，2012）。德克斯和费林（Dirks and Ferrin，2002）将信任定义当个体与他人进行合作时，对他人做出的合理选择的信心和期望。甘贝塔（Gambetta，2000）认为信任是在他人或制度在没有相关监督的情况下可能做出对自己有利或至少不损害自身利益的一种期望，即信任是个体对他人的一种积极性预期。麦卡利斯特（McAllister，1995）认为信任是关于合作者是否值得信任的信念，以及合作者关心团队共同利益的程度。莱文、克罗斯、艾布拉姆（Levin，Cross，and Abrams，2004）认为人际信任是人际关系中的核心，可以通过人际网络促进高效的知识创造和共享，所以信任是一个和表现有关的动态概念。

纵观中西方各学科的观点，信任通常被作为一种普遍存在的价值观念、一种利益相关的关系、一种积极的社会态度、一种决策和行动，也可以是一种社会资本。美国社会学家夏平（Shapin，2022）认为，信任（trust）和真理（truth）与德语中的树（tree）有一种启发性的词源学联系：像树一样巍然屹立，即认为"信任"是可以依靠的、持久耐用的东西。缺失了它，则没了依靠，不能做任何事情。这也反映了信任的基本功能。翟学伟（2008）认为，信任是个体通过其延伸得到社会网络中他人提供的信息、情感和帮助，以达到符合自己期望的或满意结果的那些态度或行为倾向。

信任不仅促进人与人之间的交流，同时也是组织与组织之间交流的重要影响因素。卢曼（Luhmann，1979）将信任划分为人际信任与制度信任。其中，人际信任以人与人之间的情感作为纽带，常发生于首要群体（如家庭）、次要群体（如邻居之间）之中，具有亲疏远近的特征；制度信任往往依赖于法律、政治等制度环境，是由一种建立在"非人际"关系上的社会现象引发的信任。例如，人对政府机构的信任可被视为是制度信任（张苙芸，谭康荣，2005；邹宇春，敖丹，2011）。随着社会的进步，制度信任成为一种重要的机制。

心理学的信任研究是现代信任研究的逻辑起点，从人的人格特质入手，将信任理解成心理事件、个人特质与个人行为。心理学家将信任理解为"个人特质的表现"及"对情境的反映"，认为是经过社会学习而形成的相对稳定的人格特质，并由情境刺激决定的个体心理和行为。《心理学大辞典》将信任定义为"个体对周围的人、事、物感到安全、可靠、值得信赖的情感体验"。从心理学角度出发，陈翔（2017）将心理学领域的信任分为基于人格的信任（Rotter，1971）、基于情感的信任（McAllister，1995）、基于认知的信任（Meyerson，Weick，and Kramer，1996）、基于知识的信任（Rempel，Ross，and Holmes，2001）、基于算计的信任（Berg，Dickhaut，and McCake，1995）、基于制度的信任（Lewis，Weigert，1985）。

麦卡利斯特（McAllister，1995）认为信任有两种类型，即认知信任和情感信任。认知信任是建立在个体对他人的能力、责任心、可靠性、可依赖性等评估的基础上；情感信任则建立在人际交往中对他人感受理解的基础上，包含人与人之间的情绪连接。尽管这两种类型的信任在不同文化下的个体身上同时存在，但是却有着显著的差异。桑切斯-伯克斯等（Sanchez-Burks，et al.，2003）认为，相对于美国人来说，中国人与人之间有更多的情感依赖。还有一些西方学者（Chua，Morris，and Ingram，2008）采用社会网络分析的方法印证了中西方文化下信任的种类存在着明显的差异。他们认为由于"关系"对中国人的重要性，人际信任的建立和维持容易受到家族式关系的影响，人与人的间接关系在人际信任中起着重要的角色。库瓦巴拉（Kuwabara，2007）通过一项网络实验研究证明，美国人更相信陌生人，而日本人则更愿意相信熟人。日本人通常会建立起更持久、更稳定的信任；而美国个体则易在最初交往时获得新的朋友。

综合以上，信任分别通过"他人""合作者""人际关系质量""功能效用""制度机制""情感体验""认知判断"等不同指向进行过探究和内涵界定，具体见表1-1。

表1-1 不同指向的信任内涵

指向	内涵	代表人物
他人	对他人的信心和期待；对他人的积极性预期	德克斯和费林；甘贝塔
合作者	是否值得交付任务给对方；对方关心团体共同利益的程度	麦卡利斯特
人际关系质量	创造和共享的人际质量，呈现动态性	莱文，克罗斯，艾布拉姆
功能和效用	可依靠、持久耐用的程度；通过其可获得他人提供的信息、情感和帮助，达到符合期望或满意结果的态度或行为倾向	夏平；翟学伟
制度和机制	非人际关系上社会现象引发的信任，如政府机构的可信赖程度	卢曼；张芑芸、谭康荣
情感体验	对周围的人、事、物感到安全、可靠、值得信赖的情感体验	《心理学大辞典》
认知判断	在对他人的能力、责任心、可靠性、可依赖性等评估的基础上做出的判断	麦卡利斯特

1.2 信任的相关理论

1.2.1 社会系统理论

卢曼（Luhmann，1979）将信任分成人际信任与制度信任两大模式。人际信任强调人与人的信任关系；制度信任表示人对群体、机构组织或制度的信任，也包含非人际的群际或组织信任。卢曼认为，随着历史的发展，制度信任将会取代人际信任。并且，近年来许多学者根据卢曼的分类，将人际信任扩展为熟人关系的"特殊信任"和面向陌生社会他人的"一般信任"。许多学者认为，一般信任会取代特殊信任，并最终成为社会、民族和国家进步的标志。福山（Fukuyama，1995）发现，各国、各民族现代化发展速度与程度不同，并存在着高度信任、低度信任和稀薄信任的国家和民族差异。

与卢曼的系统信任观点类似，祖克尔（Zucker，1986）在提出基于过程、特征和制度3种信任的划分下，强调制度信任，并将制度信任定义为人对其所处的社会制度环境的信赖程度。祖克尔认为，传统习俗、合同契约、规范资质等可成为信任双方不可逾越的制度化保障。那些微观的、个体基于过程和特征的信任，将会被制度信任所取代，并最终成为整合社会秩序的长期、稳定和便捷的重要维度。

Lewis和Weigert（1985）提出了双过度信任模式：社会制度控制的信任模式（如契约合同）取代情感信任模式，制度信任控制模式由制度取向的信任文化模式（普遍信任）取代。制度信任从依靠制度控制和制度约束的模式转变为一种自觉普遍的信用模式，一般人际信任将会发展为社会主流信任模式，这也是社会发展和进步的健康路径。

1.2.2 社会交换理论

霍曼斯（Homans，1958）认为社会交往的过程是个体之间进行的交换活动，无论是有形的还是无形的交换都会是有报酬或有代价的。交换过程涉及交换主体和交换客体：交换主体是社会交换的参与者（如个人、集体、国家、组织）；交换客体指用来交换的资源（如有形物品、地位、情感、服务、信息、金钱）。例如，我国传统中的"礼尚往来，往而不来，非礼也，来而不往，亦非礼也""涌泉相报滴水恩"均属于社会交换的典型。社会交换具有风险和不确定性。一旦交换双方在积极意愿的基础上期望合作伙伴能够做出有益自己的行动，信任就产生了。社会交换活动中，如双方利益不具备对等性，则无法生成信任；如双方利益相对应，则可推断双方值得信任，社会交往可持续，即值得信任。而事实上，双方利益完全对等的情况并不常见。无论是协商交换还是互惠交换均存在一定程度的风险，这些风险对双方信任的发展形成至关重要。

1.2.3 人格发展理论

埃里克森（Erik Erikson）把个体从出生到死亡划分为8个阶段，每个阶段的顺序由生命发展顺序决定且不可改变。埃里克森认为，婴儿前期（0~1.5岁）是"基本信任对基本不信任"的阶段，此阶段的核心质量是"信任-希望"。儿童最为孤弱，对成人尤其是其亲密养育者依赖最强。如果抚养者以慈爱和温和的方式满足儿童的需要，就容易形成个体基本的信任感；如抚养人拒绝或不能满足儿童的需要，则易形成个体早期的不信任感。儿童成长过程中，只有从外部环境中获取的信任程度超过不信任程度时，"基本信任-基本不信任"的危机方可解除。埃里克森认为，信任是个体希望感的基础。只有拥有足够信任的儿童，才敢于对外界和未来怀有希望，才能积极关注未来。

1.2.4 依恋质量理论

发展心理学家普遍认为，依恋是婴儿与其主要抚养人（通常是母亲）之间存在的一种积极的情感联结。儿童发展心理学界普遍认为，依恋可以提高婴儿的生存可能性，是婴儿适应生存的一个十分重要因素。依恋奠定了婴儿适应外部环境的基础，帮助婴儿向更加适应生存的方向稳定发展。鲍尔比（Bowlby，1969）认为，能够被重要他人关注、能够充分感受到被爱的孩子往往会表现得更加安全和自信，并有力量探索外部环境、乐于与他人接触和交往。鲍尔比还提出"内部工作模式"，即儿童对自己、重要他人和人际关系的较为稳定的认知。内部工作模式主要以无意识方式发生作用，一旦建立起这种模式，将长期稳定决定儿童的行为方式，并成为成年后人际关系的参照。随着个体年龄增长和社会性发展，个体倾向于用其原有的内部工作模式去解读新的信息。早期经验对成年后的人际模式起重要、稳定的作用，并可能引导个体思考自身应得到何种方式的对待和关注、对外部信任与支持的程度和方式、对他人需要予以关注的方法，以及亲密关系的交往策略，如以何种方式信任对方、与对方保持怎样的情感距离等。例如，安全型依恋的儿童更可能拥有积极的自我概念，更肯定自我价值，更认为自己是值得被关爱的，更加倾向于他人是可靠的，在人际关系中有更多的信任感和更少的敌意（Mikulincer, 1998; Mikulincer, Hirschberger, Nachmias, 2001）；不安全依恋的儿童时常伴随消极自我模型，这使其更易怀疑自我价值并对其亲密关系充满警觉；回避型依恋儿童更倾向于拒绝信任他人（Mikulincer and Shaver, 2007）。依恋风格不同的儿童通常拥有不同的对自我、他人关系的图式，导致儿童对他人信任程度有不同的评价和关系期望，从而影响信任的建立（Mikulincer, 1998; Mikulincer and Shaver, 2007）。

1.2.5 信任的博弈理论

博弈理论以心理学家卢斯和莱法（Luce and Raiffa, 1957）设计的"囚徒困境"和多伊奇（Deutsch, 1960）的"货运游戏"为经典代表。博弈理论为后来的信任研究方法提供了重要的思路。

囚徒困境用于研究利益冲突情境中人们的选择。在研究中假设出一种"警察与嫌犯"的情境：警察逮捕了两个嫌犯，法院认为他们一起制造了一起刑事案件，但是缺少直接证据，只好把二人分开关押，并告知二人有以下两个选择——认罪与不认罪。如果二人都坚持不认罪，则无法判他们重刑，由于二人有犯罪前科，可以判他们有期徒刑1年；如二人一起认罪，则均处以8年监禁处罚；如二人中有1个人认罪、另一个人坚持不认罪，认罪者会被释放，不认罪者将被处以监禁10年有期徒刑。在该困难选择中，二人受处罚的结果取决于对对方信任的程度。如果高度信任对方，则共同受益就能形成；如果对彼此缺乏信任，则二人共同遭受不良结果。尽管双方都知道合作的好处，但是否会采取合作的关键因素取决于双方对彼此的信任程度。

货运游戏是用于研究威胁对冲突的影响的研究范式。研究要求两名被试想象自己正经营一家货物运输公司，分别是货运公司甲和货运公司乙。他们的任务是把货物从一处运输到另一地点（图1-1）。甲公司和乙公司各有自己的起点和目的地，但最便捷的路径中间有一段重合处。重合处是单行线，如果两辆运输车辆在重合处相遇，就有一方车辆必须退回，否则都无法行进。甲乙两方在单行线上各有一个属于自己的控制门，因此是否能通过此关卡的决定权在对方运输公司。在货运游戏中，甲乙双方采取的最佳策略是相互合作轮流通过单行线，但是双方选择合作还是争夺单行线的使用权并最终两败俱伤，取决于双方的信任程度及是否信任对方并选择合作的意愿。

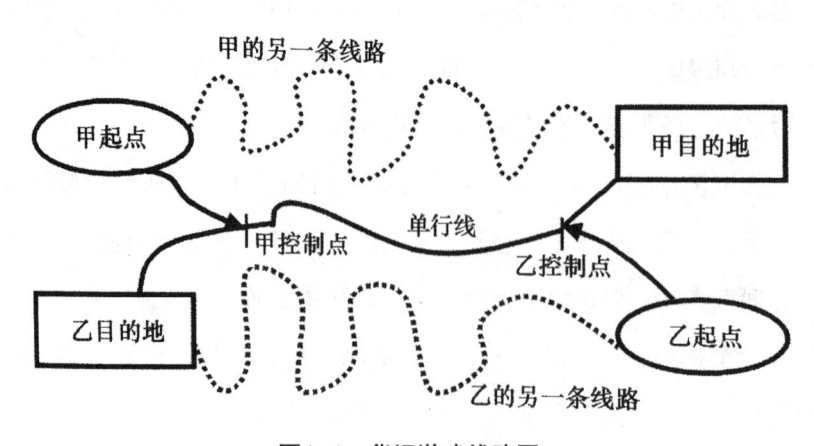

图1-1　货运游戏线路图

1.3 信任的测量方法

1.3.1 特质信任量表（ITS）

采用罗特（Rotter，1967）编制的人际信任量表，测量个体对他人的行为和承诺可靠性的评估。本量表共包含25题，采用5点计分，1代表"完全不同意"，5代表"完全同意"，得分越高代表人际信任的程度越高。该量表在中国被试中信度、效度较好（汪向东，王希林，马弘，1999；辛自强，窦东徽，陈超，2013）。

1.3.2 词汇决策任务

词汇决策任务采用信任相关词汇、信任无关词汇和非词汇3类为靶刺激，包括20个真词和20个非词。其中，真词包括10个信任相关词汇（如可信赖、能依靠）和10个信任无关词汇（如水杯、海洋），非词如边个、北察（刘旭刚，彭聃龄，2005）。实验开始之前对目标词语与信任的相关程度、情绪效价、唤醒程度、了解程度，以及是不是真词等进行全面评估。根据评估结果筛选出目标词。

1.3.3 信任博弈任务

信任博弈任务（Berg，et al.，1995）是心理学界研究信任时常用的方法。其基本原理是每一次投资博弈任务开始时，投资人拥有的金钱数额为 A，要将 A 中的一部分金钱 X（$0 \leq X \leq A$）投资给代理人。代理人的收益是这部分金钱的3倍，即 $3X$，但是代理人必须回报给投资人规定数量的金钱 Y（$0 \leq Y \leq 3X$）。因此，投资人收益为 $A-X+Y$，代理人最终的收益为 $3X-Y$。投资人愿意投资的数额 X，代表了其对代理人的信任程度。

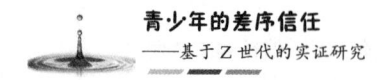

1.3.4 信任行为选择问卷

信任行为选择问卷借鉴了道德两难选择问卷,让被试选择做出信任判断。

例如,借钱信任测验。A向你表达急需用钱(金额为X),并表示一定时间后可以还你。目前你手头宽裕。你是否会相信A约定时间后会还钱?(信任判断)选项如下:1-特别不信任;2-不信任;3-有点儿不信任;4-不了解、说不清;5-有点儿信任;6-信任;7-特别信任。是否选择借钱给A?(信任行为)选项如下:1-借;2-不借。再如,职业责任感信任测验。B在工作中坚守职业道德,兢兢业业,清清白白,为国家和社会做出力所能及的努力和贡献;对家庭忠诚,对他人善良……如果B是中国科学院院士/公安局局长/基层公务员/教师/娱乐明星/网络销售员/快递员,请你对这段对他的描述进行信任度评分。选项如下:1-特别不信任;2-不信任;3-有点儿不信任;4-不了解、说不清;5-有点儿信任;6-信任;7-特别信任。

1.3.5 社会信任态度测验

中国综合社会调查(CGSS)的方法是采用询问被试"社会上大多数人是值得信任的""与人交往还是小心为好""你是否同意在社会上绝大多数人是可信任的"等问题。问题采用5点记分,1代表"非常不同意",5代表"非常同意"。信任得分用于评估社会大众的社会信任态度,信任得分越高说明参与调查的人们对社会总体信任度越强。

中国家庭追踪调查(2012)通过"通常来说,你认为大多数人是可以信任的,还是和人交往要小心谨慎"这个问题,来测量社会信任。

1.3.6　经济人信念启动实验

为检测信任的影响因素，研究者们设计了不同的启动实验。例如，经济人信念假说认为经济人信念降低了人们的信任程度。因此，人们采用启动经济人的方法检验经济信息对信任的影响。

方法一：采用抄写活动学习经济人信念。要求实验组抄写一段短文，短文内容是经济人信念的介绍性文章；要求控制组抄写一段与经纪人信念无关的课程与教学论的短文。然后，从4个不同角度对被试开展信任测量：①向陌生人借钱；②听取陌生人关于消费的建议；③向陌生的病患捐款；④为陌生人投票。

方法二：采用造句任务启动经济人信念。参与实验的被试需要完成10个造句任务，要求被试在不同的造句任务中从5个双字词中选4个组成一个句子，如"植物、茂盛、十分、春天"可造句为"春天植物十分茂盛"。实验组10个句子中有5个包含与经济相关的词汇（如盈利、外贸、商务、财务、融资等），这些与经济相关的词汇用以启动被试的经济人信念；控制组10个句子由与经济无关的词汇组成。然后，从4个不同角度对被试开展信任测量。

1.4　人际关系的差序性内涵及表现

中国传统道德的出发点是以"己"为中心的社会关系网络。1947年，社会学家费孝通先生将出现由同样事件引起不同道德观念、道德判断和道德选择现象的原因，归于"差序格局"，即人们的道德心理受亲疏远近等人际差序的影响，这也是中国传统社会中以"己"为中心出发点的差序社会关系网络。例如，孔子就曾说："弟子入则孝，出则悌，谨而信，泛爱众，而亲仁。"正如费孝通先生说："以己为中心，像石子一般投入水中，和别人所联系成的社会关系像水的波纹一样，一圈圈推出去，愈推愈远，也愈推愈薄。"如此一来，每个人都有一个以自己为中心的圈子。

溯源差序的历史发展脉络有助于理解其内涵本源。中国文化对条理、类别和关系的最早解释，可追溯至"伦"字。《孟子·滕文公章句上》有言："夫物之不齐，物之情也。或相倍蓰，或相什百，或相千万。子比而同之，是乱天下也。"这句话可以用当下流行用语"大家都是人，可人跟人不一样"或"同样接受了九年义务教育，为何你如此优秀"来解释。这反映了"伦"的类别。《春秋谷梁传·隐公元年》的"兄弟，天伦也"，是最早用"伦"字表示关系的记载。《说文》中认为伦是"辈分"。胡适曾经将"伦"字解释为"类""道理""辈分""关系"。儒家传统将五伦作为人际关系的关系准则和言行标准，即"君臣、父子、兄弟、夫妇、朋友"五种人伦关系；用"忠、孝、悌、忍、善"作为五伦的关系准则。

潘光旦（2010）在《儒家的社会思想》中说："沦，水波为伦，从水合声。《诗·伐檀》，'河水清而沦漪'，传，'小风水成文转如轮也'；《韩诗章句》，'从流而风曰沦，沦，文貌'，《尔雅·释言》，'沦，率也'，按犹律也，类也，大率也。《释名》，'沦，伦也，水文相次有伦理也。'"

翟学伟认为，从"伦"到"沦"，再到水波纹，最后到差序格局的提出，是一个自然连贯的过程，也是水到渠成的表述，是中国本土概念从古文字至现代社会学概念变迁的良好体现。

费孝通（2019）在《乡土中国》中写道："伦重在分别，十伦中的'鬼神''君臣''父子''贵贱''亲疏''爵赏''夫妇''政事''长幼''上下'均是中国传统社会中的差序。如礼记大传记载'亲亲也、尊尊也、长长也'。"

现在社会学、政治学和心理学等学科的研究沿袭并发展了差序的内涵。学者普遍认为差序格局的形成有地缘、血缘、经济水平、政治地位、知识文化水平等因素。"朋友圈"的大小和血缘、地缘等远近成正比。血缘关系越近，圈子就越亲密，其属性规则以血缘伦常为基础。地缘越接近就越易形成差序圈，如"近水楼台先得月"。经济水平和政治地位常常象征着可支配权力的大小，也是影响圈子大小的重要因素。圈层的形成可能是受一种因素影响，也可能是几种因素的综合作用。

如果说"亲亲"反映的是横向的亲缘差序，那么"尊尊"就包含有权威影响力的差序，即纵向的等级化的"差序"。纵向等级化的差序主要表现为个体对于"己"或"己位"为中心的上下级关系。这里的影响力是对"己"的直接影响力，即个人感受到的来自对方的影响，这种权威和影响力并不等同于社会地位。

除此之外，差序还可能表现为职业圈层差别。职业差序的界定较为复杂且争议较大。"尊重每一种职业""职业面前人人平等"是人们理性道德的表现。但在为自己或子女选择职业时，人们对职业的评价和选择就会呈现出鲜明的取向性。也就是说，在价值观体系中，人们往往存在着"职业有分层"的认知。

职业分层的思想在我国由来已久。《管子·小匡》首次提到"士农工商四民者，国之石民也"。《汉书·艺文志》提出"九流"，即儒家、道家、阴阳家、法家、名家、墨家、纵横家、杂家、农家，后人逐渐将"九流"理解成职业等级。在我国，《论语·子张》中"学而优则仕"的思想可谓影响深远，从侧面反映了人们对职业的期待。随着历史的发展和社会文化的变迁，职业日渐多元，人们对职业的看法发生着变化，对不同职业的情感也随着时代的变迁而改变。荣格（Jung，1921）认为，每个人的内心世界里都拥有4种心理功能：直觉、思维、情感和感觉。这4种心理功能组成了一个完整的内心世界。有别于有些心理学派认为情感只是依赖于"表象"或感觉的次级现象，荣格将情感视为一种相对独立且发挥特有作用的技能，即情感是发生在自我与被给予的内容之间的一种心理活动过程，是一种在接受或拒绝（喜爱或讨厌）意义上赋予该内容以特定价值的过程。情感可以与当下的意识有关，也可以与无意识有关。因此，虽然职业并不像前面"权威影响力"那样直接作用于个体感知，但其可能会随着阶层互动和历史发展成为一种民族的"集体无意识"。评价是人们的生活实践中的重要行为，文化无意识是人脑冰山的底部装满了各类评价尺度，即评价尺度的文化无意识。在某些区域文化中父母以子女从事公务员职业为荣，这也反映了职业虽然并没有和个体发生联系，但是人们会自动化地对不同职业进行分类和评级。

《中华人民共和国职业分类大典》将我国职业分为8个大类、66个中类、413个小类和1 838个细类。其中，8个大类为政府机构、党群组织、企事业单位负责人，专业技术人员，办事人员和有关人员，商业服务业人员，农、林、牧、渔、水利业生产人员，生产、运输设备操作人员，军人，不便分类的其他从业人员。随着社会的发展和网络时代的到来，如今的职业圈更加百花齐放，如外卖员、网络销售员、网络直播人员、小视频娱乐从业者等。

在中国古代文化中就有了道德选择的圈层，并呈现出依据血缘关系而产生的差序道德。"差序格局"是研究中国宏观社会结构和微观人际关系时的一个被广泛运用且最被肯定的本土化概念。燕良轼等人（2013）认为中国人存在着道德关怀和道德公正的两种差序人际关系。我国古代法理对血亲的容忍，也反映了道德行为的差序性，如众所周知的"容隐制度"就体现出了人际关系的差序格局。汉宣帝曾下诏："父子之亲，夫妇之道，天性也。"

对于以伦理本位为特征的传统中国社会而言，"差序格局"恰当表达了中国的两个关键特征：纵向等级化的"序"和横向以弹性为特征的以自我为中心的"差"。也就是说信任的差序性不仅表现为血亲与亲缘的差序影响，还呈现出内外群体的影响及社会阶层的影响。美国社会学家萨姆纳（Sumner，1906）最早提出内群体和外群体的概念，并尝试用这组概念描述个人的群体归属、群众意识及群众对个人的影响。这个概念后被社会心理学界广泛研究，并获得证实：处在群体中的人存在内群体偏爱和外群体偏见。个体对和自己处于同一群体的人更加认可、肯定和信任；而对于那些与自己不在同一群体中的"外圈人"，则更多表现出否定、批评、怀疑。这是另一种差序格局中的"内圈"和"外圈"。

随着社会的不断发展和现代化进程的推进，作为解释中国乡土社会工具的"差序格局"，其表述的对象也发生了改变，现代理性与城市化特征越来越明显，"差序格局"被赋予新的内涵。卞军凤（2015）将差序格局分为静态和动态两种机制。翟学伟（2008）认为"人情"包含血缘关系和伦理思想的人际交换行为，"人情需要回报"是中国人主要的人际沟通模式，如"滴水之恩当涌泉相报"，如中国文学和影视作品中各种报恩的动物。人们更容易也更愿意相信"圈内人"；相反，对"圈外人"会保持较远的距离。这与现代社会心理学中内群体同质和外群体偏见类似。以上这些均是横向以弹性为特征的以自我为中心的"差"。传统的差序关系主要表现在血缘关系、地缘关系、等级关系和人伦关系。不少的研究者发现随着经济社会发展和时代变迁，传统的差序格局逐渐发展为伦理、情感和

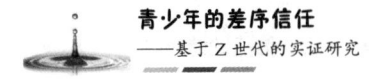

利益多维度的新差序格局。

1.5 信任的差序性内涵及表现

"好好干,一定不会亏待你的""借给我5万块钱,过几天还给你""我会爱你到永远"……

当你听到以上话时,你会相信吗?会为对方卖命工作吗?会借钱给对方吗?会庆幸自己拥有一份矢志不渝的爱吗?很大程度上你会回答"不一定"。因为你相信的程度不仅和这句话本身有关,还和说出这句话的人有关。你和对方关系如何、对方的身份与地位、对方的职业均会影响你的信任和选择。与十年未曾联系的同学相比,你可能更会借钱给同胞兄妹;与网友相比,你可能更相信父母会爱你到永远。可见,血缘关系、权威、熟悉度、关联度等因素均会影响道德判断和道德行为。

结合前文中对人际关系差序性的概念界定,可将差序信任解释为,个体以"己"为中心地对他人或组织做出的可信赖、可依靠程度的评估。该评估常常会受到亲疏关系、等级关系和职业圈层的影响。

燕良轼等人(2013)认为,中国人的道德取向呈现差序公正和差序关怀的集体特点。有研究者指出不同的层级关系和不同亲疏关系影响着人们的道德行为。朱海龙(2017)通过对中国台湾和美国大学生在道德判断的文化比较研究发现,无论是中国台湾还是美国大学生,都存在以亲缘关系的道德判断标准:对越亲近的人更多采取义务风险的原则,对较为疏远的关系采取公平原则。刘春晖等人(2013)通过关于主体情境和信任特质对大学生信任圈层影响的研究发现,大学生信任排序呈现由亲到疏的差序特点,个体对内圈的信任高于对外圈的信任。赵靓(2014)利用脑电技术证明了人际关系差序性对道德判断力的影响。王娟（2015b）通过内隐联想测验证明了人际关系差序性对道德敏感性的影响。吴文（2015）证明了人际关系差序性对青少年道德判断的显著影响。卞军凤（2015）发现青少年道德判断的差序关系呈现出"由近及远"的特点且道德取向的差序性总体稳定，同时也发现了差序性的文化敏感性，即个体道德判断的差序性受自身文化价值取向的影响。

中国传统的社会关系主要表现为亲疏关系模式、阶层关系模式和亲疏与阶层的交互，由此对应着不同的信任原则。此原则的本质反映出中国传统的价值观念：启动上位关系时，人际信任遵从忠孝原则；启动同位关系时，人际信任遵从诚信原则；启动下位关系时，人际信任体现仁爱原则。

韦伯（Max Weber, 2020）在《中国的宗教：儒教与道教》中比较了中西方因社会形态不同而造成的信任差异，并将"对外人和陌生人的信任"作为比较中西方社会信任水平的重要指标。中国传统社会中信任强烈地表现为在超越亲缘与拟亲缘的关系中会加深彼此的距离感。

福山（Fukuyama, 1995）认为，中国社会是"低信任社会"，人们往往最信任有"血缘"关系的家人，其次信任"亲属"和"准亲缘"，对"陌生人"的信任程度最低。此外，个体对不同职业的信任也呈现出不同的特点。例如，对教师职业责任心和职业道德信任程度的式微，对网络销售信任的不断增强等。

黄光国、胡先缙（2010）用"情感—工具"来解释中国人信任的差序格局结构。他认为，差序格局实际上就是情感性—工具性混合的差序性格局，由内向外情感成分不断减弱，工具性成分不断增强。所谓"工具人"在现代生活中扮演着越来越重要的作用。现代经济文化背景下，利益逐渐成为主导人际互动的关键因素。

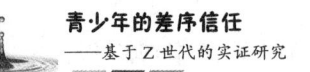

陈翔（2017）通过实验发现，高利益回报组的人际信任模式与传统差序格局模式不同，受到利益回报和血缘关系的共同作用。

农业社会人群相对固定，交往范围较小，人际关系相对简单，人际互动的基础是熟人社会，一般只和亲朋、乡亲邻居等熟人来往。人际关系主要包括伦理关系、道德尊严和公序良俗。熟人也是宗族制社会，遵守宗族既定的行为规则。道德尊严往往在熟人社会有较强约束力，在陌生人之间则不起效。公序良俗是社会成员遵守规则的前提，如果破坏规则，将不会被群体接纳。

传统农业社会的信任依托人际关系，而现代社会信任机制靠法律制度。社会转型以来，人际交往的空间、方式、内容和价值规范上均出现了较大变化。这种变化往往带有从传统到现代过渡的特征，造成了人们在交往过程中的道德困境，主要表现在传统交往中强调的诚信价值受到了很大冲击。同时，新的社会关系模式和交往方式转变为走出道德困境、建立新的信任体系、树立更开放合理的交往理念提供了社会条件和历史机遇。

1.6 Z世代青少年差序信任的研究内容及意义

1.6.1 青少年差序信任的内涵及特征

如前所言，"差序信任"源于费孝通（1947）提出的"差序格局"理论，核心表现为信任强度随血缘、地缘、学缘等关系距离（情感亲密性、互动频率、制度关联度）的增加呈梯度衰减，形成"核心圈层高信任—外围圈层低信任"的层级结构（杨中芳，2009；王飞雪，2005）。

青少年的差序信任这一信任模式兼具文化惯性与社会化建构双重属性。一是文化根基属性，即儒家"亲亲尊尊"伦理奠定"家庭核心圈"的情感先赋性（Hwang，1987；翟学伟，2001），家庭作为信任起点具有天然情感黏性。二是动态建构属性，即少年通过家庭互动、学校教育、社会参与等场域，随角色转变动态调整信任圈层结构（Erikson，1968；科尔伯格，1987）。

除此之外，"青少年差序信任"在概念上还表现为主体的代际差异性、对象的圈层化结构、信任决策的情景理性3个鲜明特征。

第一，代际差异：数字时代的信任重构。Z世代的差序信任呈现传统性与现代性并存特征。他们的信任重构既受到技术冲击，如社交媒体打破物理空间限制，使"弱连接"（Granovetter，1973）获得更多信任权重，部分青少年对虚拟社交对象的信任度高于现实远亲（Lin and Yu，2020）；又存在价值转向的特征，如个体化趋势推动信任标准从"关系属性"向"个人能力/品德"倾斜（贝克，2000；沈奕斐，2018），但在重大决策（如升学、就业）中仍依赖核心圈层建议（Lietal，2022）。

第二，圈层化结构：关系导向的信任分层。Z世代的信任对象呈"核心层（家庭）—中间层（同辈群体）—外围层（陌生社会）"同心圆式分布。这种圈层边界与社会化进程紧密关联：家庭奠定信任基调，学校扩展信任半径，网络互动重构外围边界（陆洛，2004）。

第三，情境理性：情感逻辑与工具逻辑的交织。Z世代的信任决策呈现双重理性：在核心圈层，信任决策以情感认同为基础，信任呈现为非功利化（如对家人的无条件信任）；在外围圈层，信任决策基于风险—收益计算的工具理性，如在网络交易中通过评价体系、第三方支付等制度手段降低信任风险（彭泗清，1999；Xin and Pearce，1996）。这种情境依赖性体现了传统差序文化与现代契约精神的融合。

1.6.2 青少年差序信任的影响因素

青少年差序信任的形成是个体心理发展与社会环境交互作用的结果。现有研究从家庭系统、学校场域、社会生态、个体心理4个层级揭示其影响机制，呈现出多维度、跨学科的研究特征。

一是家庭系统。家庭系统是青少年信任社会化的初始场域。家庭作为青少年社会化的首属环境，通过结构特征与互动模式双重路径形塑信任差序格局。研究表明，家庭和谐程度、父母信任行为以及亲子关系质量对青少年差序信任有显著影响。熊聆伊（2021）的研究指出，家庭和谐感与青少年的人际信任呈正相关，家庭环境的稳定性和支持性能够增强青少年的信任感。此外，父母的信任行为也会通过榜样作用影响青少年的信任观念。Bandura（1977）的社会学习理论指出，父母对陌生人的开放态度可使子女的外围信任水平提升31%（Li et al.，2020）。权威型教养方式（高回应性+高规则性）通过培养青少年的安全感，促进其信任圈层向中间层（同辈群体）扩展；而专制型教养则可能导致信任固化在核心圈层，抑制普遍信任发展（Baumrind，1991；陈欣，等，2019）。同时，亲子依恋质量也会影响青少年的差序信任。鲍尔比（1969）的依恋理论证实，安全型依恋的青少年对家庭的信任强度比不安全型高42%，且更易将家庭信任经验迁移至学校场域（如信任教师、同学）。元分析显示，亲子沟通频率与青少年对中间圈层的信任呈正相关（$r=0.38$，$p<0.001$），而情感忽视则与差序信任的"圈层割裂"显著相关（$r=-0.27$，$p<0.01$）（Collins and Laursen，2004；方晓义，等，2012）。

二是学校场域。学校场域是青少年信任圈层扩展的关键中介。学校环境对青少年差序信任的形成具有重要作用。良好的师生关系和同学关系能够增强青少年对学校的信任感，进而影响其对社会的信任。王琴（2021）的研究发现，大学生的家庭和谐感、希望与人际信任之间存在显著相关性，其中学校环境的支持性是重要的中介变量。此外，学校的教育方式和管理理念也会对青少年的信任观念产生影响，如学校管理的透明度与公平性直接影响青少年对权威系统的信任。杨鹏（2022）的实验研究显示，参与过学生自治管理的青少年，其对政府等外围制度的信任度比对照组高16%，该效应在Z世代中更为显著（η^2=0.12）。相反，校园欺凌事件的发生率每增加5%，青少年对学校管理层的信任衰减9%，并间接导致对社会权威的信任下降6%（Smith et al.，2004；胡月琴，等，2006）。

三是社会生态。社会生态环境可以说是信任宏观结构的文化模塑。社会环境通过制度性因素与文化性符号建构信任的差序边界，社会环境对青少年差序信任的影响主要体现在社会公平感、社会支持和媒体接触等方面。社会公平感是影响青少年信任的重要因素之一。杨鹏（2022）的研究表明，社会支持能够通过增强青少年的心理安全感，进而提升其对社会的信任。同时，媒体接触的信息赋权与偏差也会影响青少年对政府和社会的信任。熊聆伊（2021）的研究也发现，媒体接触能够通过影响青少年的政府清廉感知，进而影响其差序政府信任。此外，文化传统与现代性的张力也会影响青少年信任的程度。儒家伦理中的"差序格局"与市场化带来的"契约精神"共同形塑信任结构。李新春（2002）的跨代研究发现，传统家庭观念强度与核心圈层信任呈正相关（r=0.58），而市场参与经验（如兼职经历）与外围圈层信任呈正相关（r=0.39）。这种双重影响在"00后"群体中表现为"传统底色+现代调适"：83%的受访者认同"血浓于水"，同时76%认为"能力比关系更可靠"（沈奕斐，2018）。

四是个体心理。个体心理是青少年信任认知的内在引擎。个体心理因素如自我控制、情绪智力和心理安全感等也会影响青少年差序信任。张等文和陶苞朵（2022）的研究发现，青少年的自我控制能力能够通过调节心理安全感，进而影响其对社会的信任。同时，情绪智力也会影响青少年对人际关系的信任感。柳青（2023）的研究指出，情绪智力能够通过增强青少年的人际信任和自尊，进而提升其友谊质量。此外，心理安全感的信任阈值设定也是影响因素之一。心理安全感是信任扩展的"能量储备"。研究表明，安全感高的青少年对外围圈层的信任阈值比低安全感群体低29%，更易产生"信任leap"（即基于有限信息的积极信任）（Mikulincer and Shaver，2007；周宗奎，等，2005）。纵向研究显示，青春期安全感每下降1个单位，成年早期的差序信任层级分化程度增加12%，呈现"早期安全缺失—终身信任保守"的轨迹（Erikson，1968）。

1.6.3 青少年差序信任对其心理和行为的影响

差序信任对青少年的心理健康具有重要影响。较高的信任感能够增强青少年的心理安全感和幸福感，而较低的信任感则可能导致焦虑、抑郁等心理问题。杨鹏（2022）的研究发现，社会支持能够通过增强青少年的心理安全感，进而提升其对社会的信任。此外，青少年对家庭和朋友的信任感也能够缓解其心理压力，提升其心理健康水平。

差序信任对青少年的行为也具有显著影响。较高的信任感能够促进青少年的亲社会行为和合作行为，而较低的信任感则可能导致攻击性行为或退缩行为。韩思雅（2023）的研究发现，感恩能够通过增强青少年的善意感知，进而提升其亲社会行为。此外，青少年对社会的信任感也会影响其参与社会活动的积极性。

1.6.4 青少年差序信任的干预策略

1.6.4.1 家庭干预

家庭干预是提升青少年差序信任的重要途径。家长可以通过增强家庭和谐感、改善亲子关系以及树立良好的信任榜样，帮助青少年建立积极的信任观念。王琴（2021）的研究指出，家庭和谐感与青少年的人际信任呈正相关，家长可以通过增强家庭支持性，提升青少年的信任感。

1.6.4.2 学校干预

学校可以通过改善师生关系、加强心理健康教育以及营造良好的校园文化，提升青少年的差序信任。蒋思琴（2021）的研究发现，人际信任与自尊在公正世界信念与青少年领导力关系中具有重要作用，学校可以通过培养青少年的自尊和人际信任，提升其领导力。

1.6.4.3 社会干预

社会可以通过提升社会公平感、增强社会支持以及规范媒体传播，提升青少年的差序信任。杨鹏（2022）的研究表明，社会支持能够通过增强青少年的心理安全感，进而提升其对社会的信任。此外，媒体可以通过传播积极的社会信息，增强青少年对社会的信任感。

1.6.5 文献研究：共识、争议与本土化拓展

现有研究对青少年差序信任的探讨集中于以下三大领域。

文化根源：学者普遍认同儒家伦理是差序信任的深层动因（Hwang，1987；翟学伟，2001），但对市场化转型的影响存在分歧。一派观点认为，市场经济催生了普遍信任的增长（周雪光，2005）；另一派则强调，差序逻辑在青少年消费、网络社交等领域以"关系推荐""圈子文化"等形式延续（李新春，2002；彭泗清，1999）。

代际变迁：Z世代的"数字原住民"身份成为研究焦点。有研究指出，网络使用时长与陌生人信任呈倒U形关系：适度上网促进信息获取与信任扩展，过度沉迷则导致现实人际信任萎缩（Putnam，2000；金童林，2021）。但虚拟社交是否导致"信任稀释"，不同研究尚未达成一致结论（Yang，2003；Lin and Yu，2020）。

教育干预：学校场域中的合作学习、跨文化交流等活动被证实能扩展青少年的信任圈层（Damon，2004；陈欣等，2019），而应试教育导向可能强化"工具性信任"倾向，抑制对公共事务的普遍关怀（Yang，2003）。

当前研究的局限体现在：对城乡差异、家庭结构（如留守、流动青少年）等细分群体的关注不足；缺乏对重大社会事件（如疫情、网络治理政策）如何动态重塑信任结构的追踪研究；跨文化比较研究较少，难以精准定位中国青少年差序信任的文化独特性。

总之，综合诸多学者研究发展，青少年差序信任是其心理和行为发展的重要基础。家庭、学校和社会环境对青少年差序信任的形成具有重要影响。通过家庭干预、学校干预和社会干预，可以有效提升青少年的差序信任。未来的研究可以进一步探讨青少年差序信任的动态变化机制，以及其对青少年长期心理和行为发展的影响。

1.6.6 社会变迁中的差序信任重构

正如赫拉克利特（Herakleitus）所说："世上唯有变化才是永恒的。"

我国几十年的现代化进程，带来了社会转型。被社会学界和心理学界共同关注的变化有城镇化、社会阶层流动和家庭结构的转型（黄梓

第 1 章 信任的差序性

航 等，2021）。其中，城镇化进程经常被认作是导致人们心理和行为变化的核心原因之一（Greenfield，Maynard，and Marti，2009），离婚与结婚的比率时常被当作个人主义的重要指标（Grossmann and Varnum，2011）。

英国哲学家罗素（Bertrand Russell）认为，个人主义可以追溯到古希腊的犬儒学派和斯多亚学派。在希腊消失之后的希腊化时代，希腊人被迫从公共生活退缩到内心，他们不再关注城邦而是在自己的心灵中独善其身，个人主义从此诞生。后来文艺复兴和宗教改革也促进了个人主义的发展，人们从神权中走出，开始认识到自我的意义和价值。

社会上关于"个人主义会导致现代婚姻制度消亡吗"的讨论，曾引发热议。是否会消亡的结论有待历史验证，但不少社会学和心理学学者均认为，个人主义的发展和高离婚率、高不婚率正相关，与信任负相关。同时，多种社会现象和社会心态（如边界感）的发生均在一定程度上反映了个人主义的不断增强和集体主义的式微。随着社会的迅猛发展，网络的普及、电子产品的入侵、家庭结构的多元化、城镇化及人口流动带来的"移民"潮，社会结构及各要素短时间内发生着较大变化。近年来，个人主义觉醒和发展过程中面临的道德水平发展失衡而产生的"严于待人，宽于律己"的精致利己主义，均是社会发展过程的隐患。自我和利己可能会带来对他人信任水平降低，接触西方世界片面信息而产生"崇洋媚外"心理，进而影响对团体和组织的不信任，过分追求个人利益而导致在做信任判断时"利益至上"等信任问题。

根据近年来流行的代际划分标准，将出生于1945—1965年的人称为婴儿潮的一代，出生于1965—1979年的人称为X世代，出生于1980—1995年的人称为Y世代，出生于1995—2009年的人称为Z世代，2009年以后出生的人称为α世代。Z世代是伴随着互联网技术成长的一代人。据2022年《Z世

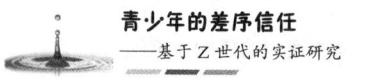

代洞察报告》数据统计，我国的Z世代人数约为2.6亿。

社会的快速发展正在悄无声息改变着人类的思想，每一代人似乎都有其独特的"道德属性"或"道德标签"。信任作为道德范畴中十分重要的内容，其内容和表现也在一代又一代人身上无声地改变着。那么，作为网络原住民的Z世代，对他人、家庭、学校及对政府机构的信任，关系着国家发展的希望和民族的未来。

结合文献和以上观点可以看出，中西方学者关于人际关系的差序性研究做出了许多贡献，许多研究方法和研究范式值得学习和借鉴，但还需进一步拓展和探索。

第一，差序性的研究多集中在道德判断与道德行为，较少专门对信任差序性的研究。

第二，差序性人际关系的研究多集中于社会学和心理学领域：社会学领域的探究多用思辨的方式探究信任的阶层差序，如人对组织和人对各级政府的信任；心理学领域的研究多集中在亲缘（血缘）关系的差序性，即亲疏关系的差序性。社会学多运用思辨法研究"阶层"圈层的差序；心理学多运用实验法研究"亲缘"圈层的差序道德。缺少心理学领域对"亲缘""等级""职业"圈层差序性关系的系统研究。

第三，虽然已有研究者发现了人际关系的差序格局受个体生存的文化环境影响，但缺少Z世代青少年差序信任的样本和研究成果，以及文化变迁对人际关系差序性影响的研究。

那么，处于社会化发展和价值观形成关键期的青少年的信任是否受到传统人际关系差序性的影响？他们对"亲缘""等级"和"职业"不同社会圈层的信任水平表现如何？人际关系差序性如何影响青少年的信任？为了回答以上问题，本书拟选取青少年为被试，从"亲疏关系远近""权威影响强弱""职业声望高低"3个角度全面探寻Z世代青少年差序关系的表现、信任差序的特点及作用机制，开展"亲缘""等级"和"职业"圈层的差序关系对青少年信任的影响研究，为青少年信任的发生、发展和教育路径提供研究支持。

随着我国现代化进程和改革开放后国际化发展，传统视野中的差序格局正逐渐向伦理、情感和利益的三维"新差序格局"转变，民众对他人、政府或组织的信任也出现新的特点。本书从心理学角度探究Z世代青少年在"亲缘""等级"和"职业"圈层的差序信任现状，是对差序性道德研究的补充和深入，也是对Z世代群体心理学研究的补充；同时管窥中国时代发展及文化变迁的影响，为心理学视角的信任研究提供理论资料，为心理学视角Z世代青少年的人格、自我、人际交往等研究提供相关资料，为跨文化研究提供实证支撑。

伴随着高速的时代发展和时代变迁，Z世代青少年的身心发展呈现新特点，其信任也出现不同程度的发展和变化。随着新一代迈向历史舞台，他们对他人、对组织、对政府等的信任已经成为时代发展和社会治理的关键内容。因此，通过对青少年信任的研究可以了解青少年的心理和思想动态，可以从侧面发掘促进民众信任质量的途径，为德育过程中培养和提升Z世代青少年信任质量的路径提供参考。此外，党的二十大报告指出，"讲信修睦"是中华优秀传统文化的重要内容。本书对新一代青少年信任的探索有助于分析代际信任发展变化的特点，对如何在保持开放心态吸收各个国家和地区人类优秀文明成果的同时，继续保持和弘扬中华民族的传统美德提供具体、可操作的方法。

通过对已有文献的综述和分析，差序信任的研究主要集中在社会学和心理学领域，零散分布于法学、新闻学、经济学领域。其中，社会学、法学等领域对差序信任的研究集中在：政府公信力、社会治理、政策信任、市场经济、理财、民间借贷、阶层的形成和变化，网络信任与网络安全、社会变迁中的伦理、公共精神问题、企业管理、农村发展与城镇化、差序关系的新变化。心理学领域专门对差序信任的研究较少：少量研究探讨了差序信任的时代变化，即从亲缘差序信任向利益和亲缘共同作用的差序信任转变；多数研究集中在人际关系差序性对道德结构、道德敏感性、人际关系、自我、情绪、文化认同等的影响。目前，人际关系差序性与信任关系的研究存在如下不足：①心理学领域差序性的研究多集中在道德判断与道德行为，少数研究探究过差序信任从"亲缘关系"向"亲缘+利益"的发展趋势，对信任差序性的研究不系统。②心理学领域的研究多集中在亲缘（血缘）关系的道德差序性，即亲疏关系的差序性对道德的影响，且集中于运用调查、启动实验和脑电技术等方法手段研究"亲缘"圈层的差序道德；社会学领域多运用思辨法研究"阶层"圈层的差序。学术界尚缺少心理学领域对"亲缘""等级"和"职业"圈层差序关系对道德发展和信任的系统研究。③世上唯一的永恒是变化。作为网络原住民一代，Z世代青少年的思想结构和价值观正在发生着明显的变化。目前缺少Z世代青少年信任的样本和相关研究成果，新一代青少年的人际关系差序性现状及其对信任的影响研究缺乏。④学术界对信任的研究尚缺少不同民族之间信任的差异对比，以及不同文化背景对差序信任的影响研究。

基于此，本书首先尝试将差序格局引入心理学界对信任的研究。这是心理学关于"信任"概念的本土化探索，体现了心理学研究的中国化，同时也是对本土差序格局理论的传承和发扬。其次，本书将从"亲缘"（关系远近）、"等级"（影响力大小）和"职业"（声望高低）3个不同圈层探讨差序信任关系。这是首次较全面探讨Z世代青少年差序人际表现，是对社会变迁中青少年群体道德发展变化的实证反映。最后，本书通过量化和实验的方法探讨青少年的差序信任，这是对以往理论研究的完善、补充和深化。

  本书通过文献查阅与梳理，总结出人际关系差序性的内涵、差序信任的思想发展和内涵；在此基础上，通过问卷调查、焦点团体和聚类分析等方法开展Z世代青少年在"亲缘""等级"和"职业"3个圈层的人际关系差序性表现；通过问卷调查、启动实验等方法，选择青少年被试开展信任差序性的对比研究，探索青少年差序信任特点。

第 2 章 亲缘关系差序性对青少年信任的影响研究

2.1 青少年亲缘关系差序信任的现状调查

2.1.1 引言

在东方哲学中，关系是生产力。学者们通常认为东方文化是集体主义文化，西方文化是典型的个人主义文化。相较于个人主义，集体主义更加强调"内团体"，注重团体的目标、规范与责任。在与自我的关系中，西方语境中的自我强调自主和独立，东方文化中的自我更加倾向于依赖型的自我，如图2-1所示。

20世纪80年代，杨国枢（2013）认为中国人的人际关系通常是家族的、关系的、权威的和他人的。叶明华和杨国枢（1990）认为家族取向强调家族的团结、和谐、共同富足和集体荣耀，表现为崇拜祖先、相互依赖、长幼有序、内外有别。关系取向根据亲疏远近将人际关系分为亲人、熟人和陌生人，人们进行利益分配的依据往往是亲疏程度。权威取向强调尊卑等级和家法家规，一般会表现出对权威的敏感、崇拜和依赖。他人取向表现为人们对他人的评价等反应特别敏感，表现为照顾和顺从他人、关注规范和名誉。1947年，费孝通提出"差序格局"概念。他认为差序格局是以自己为中心，就像一块石子投入水中，和别人所联系成的社会关系就像水波纹一样一圈圈推出去，愈推愈远，也愈推愈薄。如此一来，每个人都有一个以自己为中心的圈子。这种差序格局常常表现为血缘、地缘、社会地位和知识文化水平。

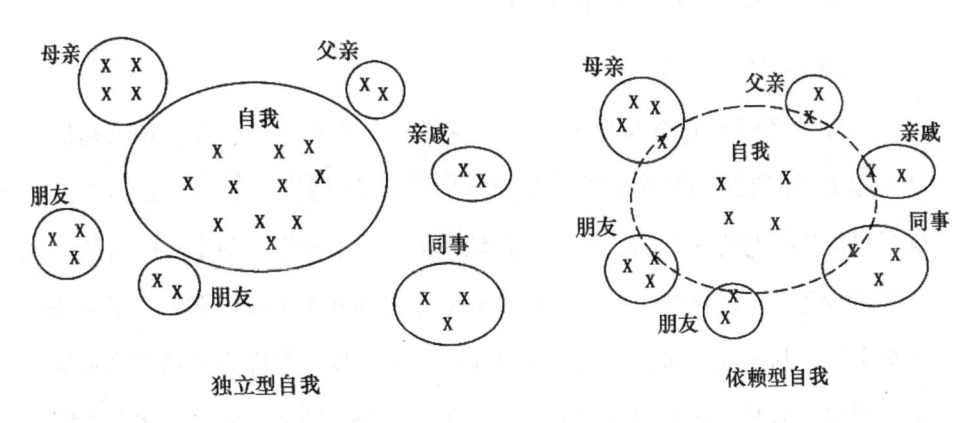

图2-1 自我与他人的关系

以中国传统文化为基础的亲缘关系模式是否会发生变化？Z世代伴随着网络时代出生、成长，他们逐渐从家族回归到自我，从照顾他人感受到尊重自我的真实内在感受，从依赖型自我逐渐向独立型自我过渡。随着近年来经济社会的快速发展，独特的历史、文化和地缘因素，我国社会结构的变化，人际关系的差序性也逐渐呈现出新特点。

社会学家和心理学家通过理论思考和实证研究发现，社会转型会带来民众社会心态的转变（黄梓航 等，2021）。

处于社会化发展和价值观形成关键期的Z世代青少年，如何看待亲疏关系？对亲缘关系的理解和感知是否发生了变化？对不同亲疏关系的信任程度如何？是否存在信任的亲缘关系差序性？基于以上思考和问题，本书展开Z世代青少年亲缘关系差序性和信任的现状调查，分析Z世代青少年在"亲缘"维度中人际关系差序性和信任的现状和特点。

2.1.2 方法

2.1.2.1 被试

选取广东、贵州、浙江3个省份共1 218名初中一年级到高中三年级的学生为被试，被试均出生于2003—2011年。

2.1.2.2 研究材料

人际关系词汇筛选与界定。本书参照田惠刚家族关系清单和王娟的"人际关系词汇"开放式问卷，从家庭生活、学校生活、社会生活多个方面尽可能选择与青少年有关的关系称谓词汇。本书根据初中生年龄特征，选择青少年常见的亲缘关系词，结合对七年级到九年级在校学生"亲缘关系提名"，从亲属关系、生活情境和生活实际出发，共提炼出23个关系词汇：舅舅、叔叔、表兄弟、堂兄弟、爷爷、外公、姨父、姑父、父亲、同性别密友、舅妈、婶婶、表姐妹、堂姐妹、奶奶、外婆、姨妈、姑姑、母亲、异性别密友、普通朋友、熟人、网友。

2.1.2.3 研究过程

（1）制作问卷简介及确定人口学变量。人口学变量包括年级、年龄、城乡、性别、是否为独生子女、家庭结构。

（2）亲缘关系采用IOS量表提示和人际关系的提名排序。IOS量表是7点等距量表（Aron A, Aron E N, and Smdlan, 1991），由7对重叠程度递增的双圆组成，两个圆之间重合程度越大，表示二者亲密度越高。本书参照前人研究，结合研究实际，选取提名的23个关系词汇，提示亲密度图示内涵，再由被试分别选择10个人物关系词汇并进行亲疏排序。

（3）进行信任程度评价。本书采用信任程度5级计分。例如，你对他人（特别亲密/比较亲密等）的信任程度如何？计分从1分（特别不信任）到5分（特别信任）。

2.1.2.4 数据处理

删除测谎题目误答的和提名作答中重复作答的问卷，有效问卷有1 095份，问卷有效率89.9%。其中，男生472人（43.1%），女生623人（56.9%）；初中一年级137人（12.5%），初中二年级198人（18.1%），初中三年级94人（8.6%），高中一年级232人（21.2%），高中二年级235人（21.5%），高中三年级199人（18.2%）。采用SPSS 27.0进行数据处理。

2.1.3 结果

2.1.3.1 对目标提名对象的聚类分析

采用聚类分析方法，根据被试对23位目标对象（母亲、奶奶、同性别密友、网友等）的提名先后顺序和提名频次进行聚类，选择将提名对象聚为5类。第一类包括母亲（8.52）、父亲（6.66）和同性别密友（6.52），3种关系的平均系数是7.23；第二类包括熟人（4.15）和普通朋友（2.85），平均系数3.50；第三类包括奶奶（2.89）和网友（1.19），平均系数是2.04；第四类包括表兄弟（2.39）、叔叔（1.20）、堂姐妹（1.58）、外公（1.34）、堂兄弟（1.91）、舅舅（1.69）、异性密友（2.04）、爷爷（2.28）、外婆（2.12）和表姐妹（2.26），平均系数1.88；第五组包括舅妈（0.59）、姑妈（0.91）、姨妈（0.96）、姑父（0.31）、婶婶（0.40）

和姨父（0.26），平均系数0.57。亲疏关系聚类分析如图2-2所示。由此可见，青少年在亲密度上的差序关系表现为：最亲近是父母和同性别密友，其次是普通朋友和熟人，第三是奶奶和网友，第四是表兄弟、堂姐妹、堂兄弟、外婆、外公等同辈与隔辈亲属和异性密友，第五是姑妈、姨妈、舅妈、姨父、婶婶等父母辈亲属。

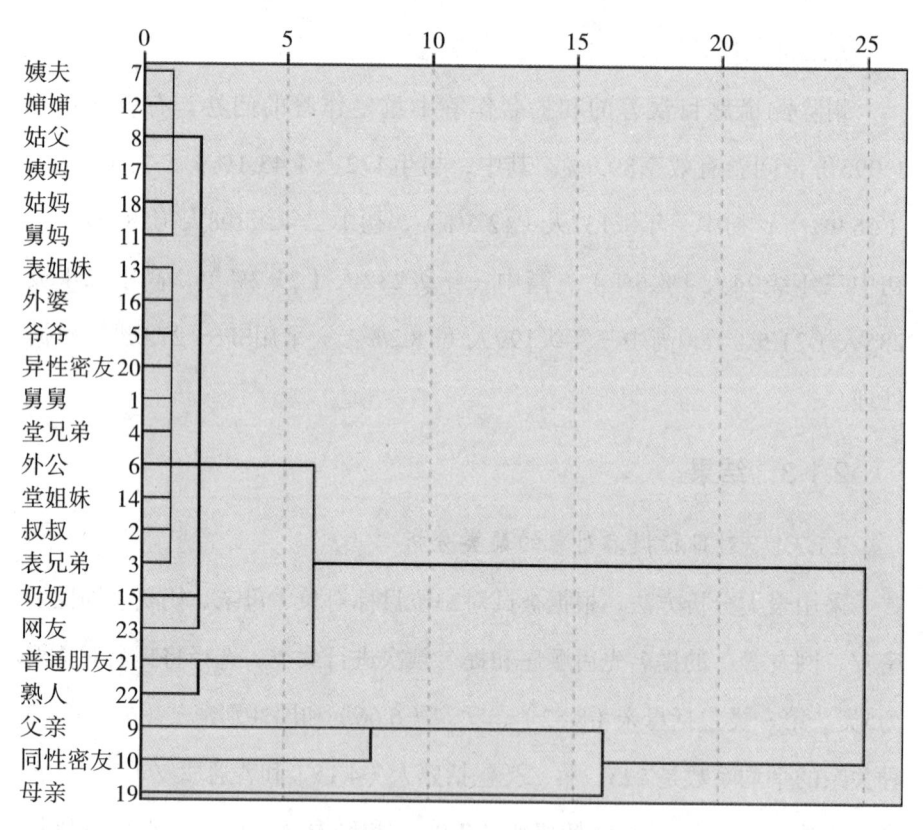

图2-2 亲疏关系聚类分析树形图

2.1.3.2 青少年在亲缘关系上的差序信任

青少年在不同亲密度上的信任差异见表2-1。平均值用 M 表示，标准差用SD表示，统计量用 F 表示，概率用 p 表示。

表2-1 青少年在不同亲密度上的信任差异

亲缘关系	评分（$M \pm SD$）	F	p
父母和同性密友	4.13 ± 0.782		
熟人和一般朋友	3.01 ± 0.911		
奶奶和网友	2.97 ± 0.873	643.178	0.000
同辈和隔辈亲属	3.39 ± 0.877		
父母辈亲属	3.12 ± 1.059		

对5类亲疏关系进行信任度计分，经过重复测量方差分析和事后成对比较，第一类关系（父母及同性别密友）信任得分最高（4.13 ± 0.782），第四类关系（同辈和隔辈亲属）信任得分位居次席（3.39 ± 1.059），第五类关系（父母亲属）信任得分（3.12 ± 1.059）位居第三，第二类关系（网友和奶奶）信任均分（3.01 ± 0.911）和第三类关系（熟人和普通朋友）信任平均得分较低。

2.1.4 讨论

本书发现，Z世代青少年亲密度关系的排序依次为父母和同性别密友，熟人和普通朋友，奶奶和网友，同辈、隔辈亲属和异性密友，父母辈亲属。这一结果与卞军凤（2015）的研究结果不太一致。父母和同性别密友在青少年心中的地位依然占据最重要的位置。通过对青少年的访谈得知，他们会将同学、老师归类为熟人，说明老师、同学和普通朋友在他们心中也扮演着很重要的作用，这也符合青少年心理发展规律。对网友的亲密感和对奶奶的亲密度提名类似，并超过同辈亲属、隔辈亲属和父母辈亲属。这说明随着生活方式的转变，年轻人的关系圈开始向网络化和虚拟化转变，血亲亲密关系影响力式微。

这转变可能与新世代生活方式的变化有关。1995年以来，我国电子信息技术、互联网、个人计算机、智能手机等新兴技术的迅猛发展和普及，为Z世代打下"互联网土著"的烙印。作为伴随着互联网出生和成长的新世代，他们的生存环境和生活方式发生转变，价值观念、生活态度和行为模式也会随之发生转变。网络游戏、网络购物、网络交友、网络学习等生活方式的网络化可能会让他们在网络世界中更开放，在现实世界中更封闭。这使他们中的一部分人缺乏应对现实世界中人际交往的欲望和能力。

社会结构的嬗变也是不可忽视的影响因素。由于20世纪70年代中后期的计划生育政策，少子化和亲缘网络的缩小化成为趋势，独生子女成为主流。新世代越来越表现出疏于、懒于、不屑于同二代以上的亲属互动和交往的"断亲"现象（胡小武，韩天泽，2022）。改革开放后的城镇化和人口流动让本就缩小化的亲缘网络在地缘空间上更加远离，使"断亲"现象加剧。

在信任方面，青少年对父母和同性密友信任度更高，这与父母和同性密友的提名重要性相一致。青少年虽然会出现逆反心理，但是他们心中清楚父母的重要地位，也肯定了他们的信任地位。奶奶和网友的提名频次和重要性排名靠前，但是在信任评价中表现最低。对"奶奶""网友"单独分析发现，奶奶的信任得分（3.78±1.236）位于同性别密友（3.91±1.044）之后，但远高于网友信任得分（2.16±1.184）。这说明青少年和网友虽然亲密度较高，但信任度较低。青少年由于身心发展，逐渐开始有自己的心理秘密，但是在现实中与他人的沟通和交流可能会受阻或受限，因此他们往往会选择向更为安全的网友倾诉心事。但由于"网友"的虚拟化、匿名化等原因，导致他们对网友的信任度较低。青少年对同辈和隔辈的信任程度高于父母辈。这可能是因为他们和同辈亲属之间没有隔阂，同时祖辈亲属比较疼爱、宽容，而青少年正处于反抗父母辈权威的时期，对父母权威的反抗会潜移到父母辈亲属，父母辈亲属对学习等信息的关怀也很容易被理解成"打听"和"说教"。

2.2 亲疏关系对青少年信任的影响

2.2.1 实验目的与假设

研究目的：考察亲缘差序人际关系对青少年信任判断和信任选择的影响。

研究假设：亲缘差序关系影响青少年的信任判断和信任选择。青少年在亲缘对信任判断的差序效应表现为关系十分亲密＞较为亲密＞亲密度一般＞亲密度较低＞无亲密关系；对信任选择的差序效应表现为关系十分亲密＞较为亲密＞亲密度一般＞亲密度较低＞无亲密关系。

2.2.2 研究方法

2.2.2.1 被试

从初中一年级至高中三年级整群分层抽取1 395名在校学生。被试身体健康无生理和精神/心理疾病史，视力正常，无文字阅读及语言理解障碍。招募11名中学教师，教师均有问卷施测经验，统一培训后分别开展测试。

2.2.2.2 测验方法

采用单因素被试内实验设计，自变量为亲缘关系（关系十分亲密＞较为亲密＞亲密度一般＞亲密度较低＞无亲密关系），因变量是信任判断评分（从"1-十分不信任"到"5-十分信任"）和信任选择（借钱金额：1~100元）。

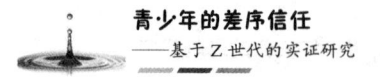

2.2.2.3　实验材料

（1）个人信息问卷，其内容包括性别、年龄、家庭结构。

（2）差序关系启动问卷。将"关系十分亲密"定义为"关系十分亲近、经常保持积极联系且感情亲近的人"；将"关系较为亲密"定义为"关系比较亲近，能够不断保持积极联系且感情较为亲近的人"；将"关系一般亲密"定义为"关系亲密度一般，能够保持积极联系且感情一般的人"；将"关系亲密度较低"定义为"偶尔有积极联系、感情有些疏远的人"；将"无亲密关系"定义为"基本没有联系和对方基本没有感情的人"。提名启动问卷时采用IOS量表提名法：呈现IOS 5级图形和提名的23种人称词语，请被试分别选择"关系十分亲密"那个人的序号，选择"关系比较亲密"那个人的序号，选择你的某个"关系一般亲密"的那个人的序号，选择你的某个"关系亲密度较低"的那个人的序号，选择"无亲密关系"的那个人的序号。

（3）借钱信任选择。亲缘关系信任的差序性检验方法采用"信任判断任务"，让被试选择做出对不同亲缘关系个体的信任判断。对60名初、高青少年展开调研：询问"你有多少自己可以支配的金钱（生活费/零用钱/其他）？"通过询问发现，青少年每周可支配金钱的中位数是360元。扣除必需生活费，多数同学在不影响基本生活的情况下，可支配零用钱为每周100元。因此，本书将借钱信任判断中金钱的金额定为100元，设置问题为"此人（亲缘关系远近提名的人）告诉你，他急需用钱，希望你能够借钱给他，并表示他会在一周后还你"。信任判断任务是"你是否相信他/她急需用钱且会在一周后还钱"，信任判断包含"1-特别不信任""2-有点儿不信任""3-说不清""4-比较信任""5-十分信任"共5点计分。信

第 2 章　亲缘关系差序性对青少年信任的影响研究

任行为采用"信任行为决策",即"你手头共有100元零用钱,你会选择借（ ）元给他/她（如不借,则填0;最高不超过100元）"。

2.2.3　结果分析

将回收的测试数据输入Excel表格中,排除测谎题目中误选的和血缘关系提名中不认真作答的被试,计算"关系十分亲密""较为亲密""亲密度一般""亲密度较低""无亲密关系"5个亲疏关系的信任判断得分和借钱额度的平均值和标准差,排除极端数值,共保留1 267名有效被试,被试有效率为90.8%。其中,男生576人（45.5%）,女生691人（54.5%）;初中一年级118人（9.3%）,初中二年级563人（44.4%）,初中三年级175人（13.8%）,高中一年级109人（8.6%）,高中二年级277人（21.9%）,高中三年级25人（2.0%）。将有效数据导入SPSS 27.0进行运算分析。

2.2.3.1　信任判断在不同亲缘关系上的差异分析

不同亲疏关系在信任任务判断上的差异检验见表2-2。

表2-2　不同亲疏关系在信任任务判断上的差异检验

亲疏关系	评分（$M \pm SD$）	F	p
十分亲密	4.36 ± 0.984	120.584	0.000
较为亲密	4.28 ± 0.965		
一般亲密	3.58 ± 1.083		
亲密度较低	3.03 ± 1.184		
无亲密关系	1.99 ± 1.158		

通过亲疏关系远近对信任任务判断评分的考察,发现不同亲疏关系在信任评分上存在显著差异（F=120.584,p<0.001）。经过事后检验,十分亲密>较为亲密（m[①]=0.076,p=0.02）,一般亲密（m=0.779,

---

[①] m:两者平均值之差。

p=0.000），亲密度较低（m=1.333，p=0.000），无亲密关系（m=2.336，p=0.000）；较为亲密＞一般亲密（m=0.702，p=0.000），亲密度较低（m=1.256，p=0.000），无亲密关系（m=2.290，p=0.000）；一般亲密＞亲密度较低（m=0.554，p=0.000），无亲密关系（m=1.588，p=0.000）；亲密度较低＞无亲密关系（m=1.034，p=0.000）。对亲缘关系信任任务评分如下：十分亲密＞较为亲密＞一般亲密＞亲密度较低＞无亲密关系。

2.2.3.2 信任选择在不同亲缘关系上的差异分析

不同亲疏关系在信任选择上的差异检验见表2-3。

表2-3 不同亲疏关系在信任选择上的差异检验

亲疏关系	评分（M±SD）	F	p
十分亲密	70.85 ± 32.409	28.926	0.000
较为亲密	69.86 ± 32.955		
一般亲密	48.25 ± 33.444		
亲密度较低	35.51 ± 32.458		
无亲密关系	15.75 ± 25.781		

通过亲疏关系远近对信任选择决策评分的考察，发现不同亲疏关系在信任行为选择任务中存在显著差异，借钱数额差异显著。进一步检验发现：十分亲密＞一般亲密（m=22.602，p=0.000），亲密度较低（m=35.344，p=0.000），无亲密关系（m=55.100，p=0.000）；较为亲密＞一般亲密（m=21.608，p=0.000），亲密度较低（m=34.350，p=0.000），无亲密关系（m=54.106，p=0.000）；一般亲密＞亲密度较低（m=12.742，p=0.000），无亲密关系（m=32.498，p=0.000）；亲密度较低＞无亲密关系（m=19.757，p=0.000）。被试对亲缘关系信任行为决策得分（借钱）如下：十分亲密＞较为亲密＞一般亲密＞亲密度较低＞无亲密关系。

2.2.4 讨论

通过实验中被试评分差异分析发现，信任判断和信任行为决策在亲缘关系上均存在显著的差序效应。在信任判断上，青少年对越亲密的群体信任度越高，对陌生群体的信任度低；信任行为决策上，青少年更愿意借钱给和自己亲近的人。经过进一步分析，他们在借钱行为选择时，更加相信有血亲关系的人。

研究结果符合中国传统人情关系，与李卫民（2002）和卞军凤（2015）的研究结果一致。福山（2001）在《信任：社会美德与创造经济繁荣》中将法国、意大利和中国归类为典型的低信任社会。低信任社会的典型表现是其社会组织常常建立在以血缘关系为纽带的关系之上，如家族企业；以及由血缘关系裂变出的各种关系组织，如祠堂、家族谱、认干亲等。低信任社会的另一个主要特征是人们对和自己无亲缘关系的个体缺乏信任（普遍信任）。在本书中，密友属于"十分亲密"的亲缘层序，这反映了在青少年群体中亲密好朋友在心中的重要地位。杨中芳和彭泗清（1999）认为，人际关系除了血缘亲族构建的先天联结外，还有一种无血缘关系但在交往中形成亲密关系的后天归属。在中国社会文化下，虽然血缘亲族在人际关系中扮演举足轻重的地位，但无血缘关系的人们可以通过社会交往形成亲密关系。

本书研究成果和前人研究成果一致，这说明虽然社会一直在变迁，但文化冲击浪潮并未从根本上冲击青少年的信任主体价值观，人们担心的信任危机和信任体系的崩塌并没有发生。青少年在做信任判断和信任决策时，依然会自动化将对象归为"自己人"和"外人"，这和中国传统文化中关于宗族观念和代际传承密不可分。"血浓于水""万事念手足，亲故难割舍"这些印刻在人们心中的古训和观念依然在深刻影响着当代青少年。这种差序信任的表现也可能与青少年所处的环境与教育有关。学校和家庭都经常对孩子进行社会人际关系安全教育，无形之中可能也会增强青少年对陌生环境及陌生人的警惕心。

第3章 等级关系差序性对青少年信任的影响研究

3.1 青少年等级关系差序信任的现状调查

第2章的研究证明了亲缘差序通过人际亲疏远近横向的差序显著影响青少年的信任判断和信任选择。"血浓于水"等老话在21世纪的今天依然有其生命力。而差序关系不仅包含亲疏远近。人伦是传统社会结构中人际交往的基本准则,重在分别。"君臣""父子""贵贱""亲疏""爵赏""夫妇""政事""长幼""上下"等均是中国传统社会中的差序。此外,"天地君亲""尊尊"等中国古代文化中对关系的描述就不乏等级的意味。以上均说明了差序除了亲疏关系之外,还包含着等级关系。这种等级不同于社会地位和官职领导力的等级,更多是一种无形的、基于个体自我判断的影响力。例如,对A来说,他感受到的来自B的权威和影响力比他更高,则可以做出"B的权威和影响力高于A"决策;然而对C来说,可能他感受到的来自B的权威和影响力低于自己,则可以做出"C的权威和影响力高于B"决策。因此,这里探讨的等级不是绝对的社会地位和社会影响力,而是源自当事人对他人权威和影响力的自我感知。个人会因其自身现状存在着不同的等级差序关系。

在传统父权制中国社会中,父亲是家庭的绝对权威,这种思想推广到社会生活中常常体现在权威崇拜。侯玉波(2018)认为,中国人对权威的崇拜常常是无条件的;认为权威不会犯错,权威是可信的,权威即使犯了错也是可以理解的。因此,我国社会存在权威取向的人际关系特征。每一代人的成长都受到历史大事件和时代变迁的影响,从而形成鲜明的人格烙印。Z世代青少年是互联网媒介全息化的一代,多种价值观念的冲击、丰富的多文化刺激正在深刻地影响着Z世代青少年的社会态度和价值取向(王水雄,2021)。年轻一代的宗族观念淡化、父权文化式微,传统的权威影响力正在发生变化。

Z世代青少年对不同权威影响力的他人信任度如何?是否存在人际关系的等级差序信任?本章拟探究以上两个问题。

3.1.1 方法

3.1.1.1 被试

选取广东、贵州、浙江3个省份共1 218名初中一年级到高中三年级的学生为被试,被试均出生于2003—2011年。

3.1.1.2 研究材料

等级关系界定。关于"等级"的界定尚未有统一标准,心理学和社会学相关研究也较少。目前文献中较为合理的解释是,"等级"指提名人在被试心中所觉察的影响等级(吴文,2015),这个等级并不是我们通常所谓的社会地位等级。参照吴文（2015）的"自我与他人的关系调查"的图示法（图3-1），等级代表他人在"己"心中觉察到的影响力高低。若被试感受到"他人"比"己"影响力高，即"他人"的权威在"自我"的权威之上，说明"在你心中他人比自己更权威"；若感受到"他人"和"己"影响力相当，即"他人"的权威和"自我"的权威相当，说明"在你心中他人的权威和自己的权威差不多"；若感受到"他人"比"己"影响力低，即"他人"的权威在"自我"权威之下，说明"在你心中自己比他人更权威"。等级关系采用自由提名，提名时给予关于"等级"的解释，并强调这里的等级关系不等同于社会地位。

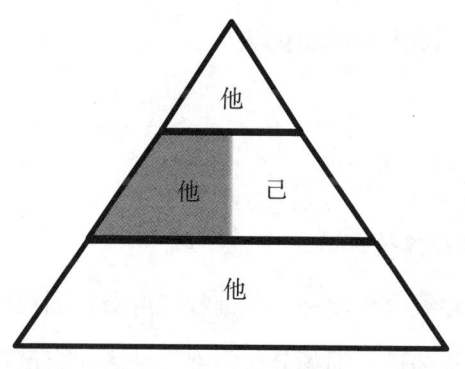

图3-1 自己与他人的权威影响力关系

3.1.1.3 研究过程

（1）制作问卷简介及确定人口学变量。人口学变量包括年级、年龄、城乡、性别、是否为独生子女、家庭结构。

（2）等级关系采用等级关系图提名。等级关系图示法为包含3个等级关系的三角形（吴文，2015）：代表他人的图形在代表自己的图形之上，表示"他人比自己更权威"；代表他人的图形和代表自己的图形在同一等级，表示"他人的权威和自己的权威差不多"；代表他人的图形在代表自己的图形之下，表示"自己比他人更权威"。

（3）进行信任程度评价。本书采用信任程度5级计分。例如，询问被试对他人（高等级/同等级/低等级）的信任程度如何？计分从1分（特别不信任）到5分（特别信任）。

3.1.1.4　数据处理

删除测谎题目误答的和提名作答中重复作答的问卷，有效问卷有1 095份，问卷有效率89.9%。其中，男生472人（43.1%），女生623人（56.9%）；初中一年级137人（12.5%），初中二年级198人（18.1%），初中三年级94人（8.6%），高中一年级232人（21.2%），高中二年级235人（21.5%），高中三年级199人（18.2%）。采用SPSS 27.0进行数据处理。

3.1.2　结果

3.1.2.1　等级提名情况

使用SPSSAU在线分析软件，对高权威等级、同权威等级和低权威等级各1 095个称呼提名进行词频分析。在"他人比自己更权威"的高等级提名中，学校情境中人物关系最多，校长、科任老师、班主任、高年级学生共提名339次（31.0%）；家庭情境人物关系提名频次位居第二，家人、亲属长辈提名287次（26.2%）；社会情境人物提名频次位居第三，主要包括社会权威、领袖、领导、行业知名人士、财富拥有者等提名140次（12.8%）。在"他人的权威和自己的权威差不多"的同等级提名中，学校情境人物关系最多，同学、好朋友、校友等共提名826次（75.4%）；家庭情境人物关系提名155次（14.2%），位居第二，以同辈分兄弟姐妹、表兄弟姐妹为主。在"自己比他人更权威"的低等级提名中，家庭情境人物

第 3 章　等级关系差序性对青少年信任的影响研究

关系提名251次（22.9%），主要集中于比自己小的同辈分家人或亲属；学校情境人物关系提名117次（10.7%），主要包括低年级学生、幼儿园学生、小学生、学习表现不如自己的同学等；聚焦能力影响力关系的称呼提名72次（6.8%），主要包括流浪汉、服务员、打工人等。

3.1.2.2　青少年对不同等级的差序信任情况

青少年在不同等级上的信任得分见表3-1。

表3-1　青少年在不同等级上的信任得分

等级	评分（$M \pm SD$）	F	p
高等级	3.72 ± 1.243		
同等级	3.53 ± 1.068	413.567	0.000
低等级	2.57 ± 1.317		

通过青少年对不同影响力等级的群体信任评分情况，发现他们对不同权威等级的信任程度差异显著。经过事后对比检验发现，高等级组信任得分最高（3.72 ± 1.243），并且显著高于同等级（$m=0.192$，$p=0.000$）和低等级组（$m=1.152$，$p=0.000$）；同等级组显著高于低等级组（$m=0.959$，$p=0.000$）。青少年对不同等级的差序信任表现为高等级＞同等级＞低等级。

3.1.3　讨论

通过以上调查发现，青少年在权威影响力等级上存在差序信任，即对不同影响力等级的个体信任程度呈现显著差异。具体表现为，对那些比自己更权威和影响力等级更高的人，信任程度较高；对权威和影响力与自己同等级的人，信任程度一般；对权威和影响力不如自己的人，信任度最低。

此研究结果证明了青少年对不同权威影响力的差序信任，也证明了权威效应，即权威会对个体产生信任暗示。当面对有威信、受人敬重的高权威人群时，个体就容易重视、信任对方。"人微言轻，人贵则言重"就生动地解释了权威在他人心中的重要影响力。

此外，从青少年对权威影响力人物的提名情况来看，高等级的提名主要集中在学校人物关系中的老师、同学，家庭关系中的亲属和具有社会影响力的行业精英。长期以来，青少年的偶像崇拜是人们关注的热点，人们普遍认为青少年崇拜偶像只会关注时尚和外貌、理想化和完美化、浅层娱乐消费等，偶像崇拜会引发钦佩和推崇心理，引发青少年的学习和模仿行为，甚至挤占青少年的思想空间。但在本书所研究的青少年对高权威等级人物的提名情况中不难发现，流量明星等娱乐性人物的提名寥寥，可能反映出Z世代青少年更加追求实际、更加社会化的特点。然而，"成熟"可能伴随着去理想化，"务实"也许是童趣的过早消逝。波兹曼（Neil Postman）在《消逝的童年》（1982）中表达了对成人和儿童共同成为电视观众可能会导致童年的消亡。如今，移动视频社交媒体带来的信息超载可能会扰乱青少年人格形成的原有规律，各种饭圈亚文化加速了部分青少年的社会化进程，使青少年在语言表达、心态、理想等方面过早失去童真。这也提醒了主流媒体和相关部门应更加重视对未成年人的监管和引导，坚持公共服务和社会责任，做好青少年成长路上的"好伙伴"和"把关人"。

3.2 等级差序关系对青少年信任的影响

3.2.1 实验目的与假设

研究目的：考察等级差序人际关系对青少年信任判断和信任选择的

第 3 章 等级关系差序性对青少年信任的影响研究

影响。

研究假设：等级差序关系影响青少年的信任判断和信任选择。青少年在等级对信任判断的差序效应表现为高等级＞同等级＞低等级；对信任选择的差序效应表现为高等级＞同等级＞低等级。

3.2.2 研究方法

3.2.2.1 被试

采用整群随机抽样，从初中一年级到高中三年级抽取1 395名在校学生。抽取对象均智力正常，具有阅读和理解能力。在施测过程中，共招募11名中学教师，均有心理健康教育受训经历和问卷施测经验，统一培训后分别开展测试。

3.2.2.2 测验方法

采用单因素被试内实验设计，自变量为等级关系（高等级＞同等级＞低等级），因变量是信任判断评分（从"1-十分不信任"到"5-十分信任"）和信任选择（捐款金额：0～100元）。

3.2.2.3 实验材料

（1）个人信息问卷。其内容包括性别、年龄、家庭结构。

（2）差序关系启动问卷。将"等级"自定义为"个体心中所觉察到的对方在自己心中的影响力等级"，不等同于社会地位。"高等级"指"与自己相比，所觉察到的对方的影响力等级更高"；"同等级"指"所觉察到的对方的影响力等级和自己差不多"；"低等级"指"与自己相比，所觉察到的对方的影响力等级较低"。提名启动问卷是采用三角关系等级图提名法：呈现三级三角图形和提名任务，请被试分别填写"高等级"那个人的称呼，"同等级"那个人的称呼，"低等级"那个人的称呼。

（3）信任判断评分。等级关系信任的差序性检验方法采用"信任判断任务"和"信任行为选择"，让被试选择做出对不同等级关系个体的信任判断和捐款行为。例如，将捐款信任判断中金钱的金额定为100元，设置问题为"此人说他遇到紧急情况急需用钱，在网络上发起了捐款求助。"信任判断任务是"假如你手头刚好有100元零用钱，你是否相信此人真的需要被捐款？"信任判断包括"1-特别不信任""2-有点儿不信任""3-说不清""4-比较信任""5-十分信任"共5点计分。信任行为采用"捐款行为决策"，即"你手头共有100元零用钱，你会选择捐款（　）元给他（如不借，则填0；最高不超过100元）"。

3.2.3　结果分析

将回收的测试数据输入Excel表格中，排除测谎题目中误选的、捐款数额不在$0 \leqslant X \leqslant 100$范围内及提名任务中不认真作答的被试，计算"高等级""同等级"和"低等级"3个等级关系的信任判断得分和捐款额度的平均值和标准差，排除极端数值之后，共保留1 267名有效被试，被试有效率为90.8%。其中，男生576人（45.5%），女生691人（54.5%）；初中一年级118人（9.3%），初中二年级563人（44.4%），初中三年级175人（13.8%），高中一年级109人（8.6%），高中二年级277人（21.9%），高中三年级25人（2.0%）。将有效数据导入SPSS 27.0进行运算分析。

3.2.3.1　信任判断在不同等级关系上的差异分析

不同等级关系在信任任务判断上的差异检验见表3-2。

第3章 等级关系差序性对青少年信任的影响研究

表3-2 不同等级关系在信任任务判断上的差异检验

等级	评分（$M \pm SD$）	F	p
高等级	3.98 ± 1.183		
同等级	3.71 ± 0.976	14.758	0.000
低等级	2.85 ± 1.271		

通过影响力等级关系高低对信任任务判断评分的考察，发现不同等级关系在信任评分上存在显著差异（F=14.758，p=0.00）。进行事后检验发现，高等级＞同等级（m=0.269，p=0.000），低等级（m=1.130，p=0.000），同等级＞低等级（m=0.861，p=0.000）。被试对等级关系信任评分如下：高等级＞同等级＞低等级。

3.2.3.2 信任选择在不同等级关系上的差异分析

不同等级关系在信任选择上的差异检验见表3-3。

表3-3 不同等级关系在信任选择上的差异检验

等级	评分（$M \pm SD$）	F	p
高等级	61.76 ± 38.343		
同等级	50.22 ± 32.917	13.000	0.000
低等级	29.59 ± 33.349		

通过等级关系高低对信任捐款任务行为评分的考察，发现不同等级关系在信任行为选择任务中存在显著差异，捐款数额差异显著。进一步事后检验发现：高等级＞同等级（m=11.544，p=0.000），低等级（m=32.167，p=0.000）；同等级＞低等级（m=20.623，p=0.000）。对等级关系信任行为决策得分（捐款）如下：高等级＞同等级＞低等级。

3.2.4 讨论

本章结果显示，青少年信任判断和信任行为决策均受到权威影响力高低的影响。权威影响力对信任判断和信任行为决策的影响表现一致，即对高权威者更信任，也更愿意做出捐助行为，捐款数量更高；对低权威者更不信任，愿意做出的捐助和捐款数量更少。这和吴文（2015）对道德判断的研究结果类似，人们更愿意对比自己权威的人做出积极的道德评价和道德判断。

Sears说服模型（侯玉波，2018）认为，个体影响力取决于他的专业程度、可靠性和是否受欢迎，同时影响力也能够反作用于个体的可信度。高权威影响力的人更容易让人相信，低权威影响力的人更容易让人生疑，这可能与个体对权威者的认知和情感有关。例如，认为比自己权威影响力高的个体在某一领域掌握更多的知识和资源，比自己权威影响力高的人更值得尊敬；也可能与个体在面对高权威时的恐惧和服从等因素有关。

人们对权威的依赖和信任由来已久。美国汉学专家白鲁恂（Lucian Pye）将中国文化中的权威定义为"父权文化"，具有全能、独有和榜样的特点，传统中国人心目中的父亲形象是"独一无二的、厚重的、专制的、无所不能的、孤独的、德行完备的、不能挑战的"。也正是由于这样的文化基因，哪怕是面对科学和权威之间衡量，人们似乎更愿意相信"权威"。正因为如此，医疗卫生专家、教育专家、房产专家、金融理财专家、武术专家、健康专家等各领域的专家在人们心中占据着重要的位置。专家权威不仅影响人们对某一事物的判断，甚至会影响人们的决策。

青少年处于自我同一性整合的关键时期，情感、态度和价值观体系尚不稳定，易受到外部环境和历史事件的影响，权威偶像人物对青少年价值观体系的塑造发挥着重要作用。新一代青少年是互联网原住民的一代，信息大爆炸使他们接收到各种信息和各类文化刺激，他们的内在价值体系对外部世界的情感态度常常会受到权威人物的影响。一旦权威人物失信，可能会造成青少年对社会的情感体验不良，进而影响其群体归属感和内在认同感。

第4章 职业圈层差序性对青少年信任的影响研究

4.1 青少年信任圈层差序信任的现状调查

第2章的"亲缘"和第3章的"等级"的差序关系均是以自我为中心的弹性差序。那么，是否存在一种刚性等级差序？即并非以"己"为出发点的社会等级差序？

在社会结构的研究中，声望地位是一种主观认定的地位，属于他评而非自评。结合声望调查（林南，黄育馥，1988；陈云松，沃克尔，弗莱普，2014；蒋来文，1990；李春玲，2005a），并根据职业性质、个人对职业的感知和判断、知识技术水平、权力大小、不可替代程度、收入水平、伦理道德等评价职业威望，分别描述了不同时代的职业声望。

《中国社会心态研究报告》中对不同职业信任程度的调查显示，民众对不同职业的信任存在着不同程度的差异。那么，Z世代青少年对不同声望层级的职业信任度如何？是否存在职业差序信任？本章拟探究以上两个问题。

4.1.1 方法

4.1.1.1 被试

选取广东、贵州、浙江3个省份共1 218名初中一年级到高中三年级的学生为被试，被试均出生于2003—2011年。

4.1.1.2 研究材料

本书将职业差序理解成以"职业声望"为中心的职业社会地位。本书参照李强（2010）的居民职业声望调查结果，结合青少年对职业的熟悉度提名，共选出14种职业：快递员、保安、商贩、网络直播带货员、工人、商人、地方公务员、中小学教师、军人、律师、医生、工程师、教授、政府机构领导干部。

4.1.1.3 研究过程

（1）制作问卷简介及确定人口学变量。人口学变量包括年级、年龄、城乡、性别、是否独生子女、家庭结构。

（2）制作职业声望等级图。社会分层研究职业层级主要通过两种路径：一种是通过社会经济量表，该量表的结构逻辑是通过职业收入和教育进行加权平均；一种是声望量表，该量表是基于对各种职业的大众评价（尉建文，赵延东，2011）。

本书结合我国职业分类，对由青少年提名的14种职业进行声望评价检测。采用网络方便抽样的方法随机抽取288名青少年，对他们进行14类提名职业声望调查。调研采用职业声望调查问卷："根据你心中对各种职业声望高低，为下面职业打分，最低分0，最高分100"。发现提名的14种

第4章 职业圈层差序性对青少年信任的影响研究

职业的声望排序依次是政府机构领导干部（88.72）、教授（88.43）、医生（87.66）、工程师（85.68）、律师（84.47）、中小学教师（84.24）、军人（84.21）、地方公务员（83.72）、商人（75.45）、工人（74.16）、快递员（73.41）、保安（67.70）、网络直播带货员（67.69）、商贩（67.43）。该调查结果与清华大学李强对职业声望调研的结果相似度较高。

将14类不同声望职业进行5级分层。寻找13名社会学和心理学学科背景的科研工作者对职业进行评级讨论。其中，包含1名教授、2名副教授、9名博士生和1名硕士生。经过研讨，拟定出职业声望等级图。"高声望组"指"人们对该类职业的社会评价高"；"中高声望组"指"人们对该类职业的社会评价中等偏上"；"中等声望组"指"人们对该类职业的社会评价中等"；"中低声望组"指"人们对该类职业的社会评价中等偏下"；"低声望组"指"人们对该类职业的社会评价较低"。职业声望层级如图4-1所示。

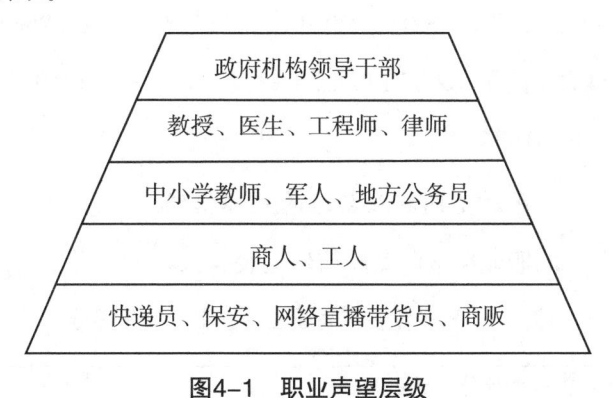

图4-1 职业声望层级

（3）进行信任程度评价。本书采用信任程度5级计分。例如，你对不同职业的信任程度如何？计分从1分（特别不信任）到5分（特别信任）。

4.1.1.4 数据处理

删除测谎题目误答的和提名作答中重复作答的问卷,有效问卷有1 095份,问卷有效率89.9%。其中,男生472人(43.1%),女生623人(56.9%);初中一年级137人(12.5%),初中二年级198人(18.1%),初中三年级94人(8.6%),高中一年级232人(21.2%),高中二年级235人(21.5%),高中三年级199人(18.2%)。采用SPSS 27.0进行数据处理。

4.1.2 结果

4.1.2.1 不同职业的信任得分情况

通过对不同职业信任度调查发现,青少年对不同职业的信任度排序依次是军人(4.12±0.989)、医生(3.74±0.981)、教授(3.46±1.071)、律师(3.42±0978)、中小学教师(3.39±1.031)、地方公务员(3.24±1.043)、工程师(3.20±1.032)、政府机构领导干部(3.06±1.037)、工人(3.04±1.021)、保安(2.99±0.956)、快递员(2.96±0.964)、商贩(2.67±0.927)、大商人(2.65±0.966)、网络直播带货员(2.26±0.984)。

4.1.2.2 青少年对不同职业层级的差序信任

青少年对不同职业层级的差序信任见表4-1。

表4-1 青少年在不同职业层级上的信任得分

声望层级	评分(M±SD)	F	p
高声望组	3.06±1.037	615.186	0.000
中高声望组	3.45±0.876		
中等声望组	3.58±0.833		
中低声望组	2.84±0.879		
低声望组	2.27±0.827		

第4章 职业圈层差序性对青少年信任的影响研究

通过青少年对不同职业声望层级组的信任的评分计算，发现他们对不同职业层级组的信任得分差异显著（F=615.186，p=0.000）。经过事后组内比较发现，青少年对不同职业层级的差序信任表现为中等声望组＞中高声望组＞高声望组＞中低声望组＞低声望组。

4.1.3 讨论

本章研究发现，青少年对提名的14种职业存在显著的信任差异。结合职业声望，本章研究发现青少年对不同职业层级的信任表现呈现一定的差序性，表现为对中等职业声望组的信任度最高，其次是中高声望组、高声望组、中低声望组，对低声望组的信任度最低。

从各职业来看，青少年对军人信任度最高，这体现了青少年对中国军人的高度认同。青少年对医生的信任度也较高，与《社会心态蓝皮书：中国社会心态研究报告》的结果较为一致。这说明了随着我国医疗改革和医疗卫生事业的发展，医生在健康事业中扮演的重要角色也越来越受到青少年的肯定和信任。教授代表着教育系统中的威望和权威，在专业技术方面的权威和高校教师身份可能会比较容易受到青少年的敬佩和信任。青少年对商贩和大商人的信任度都处于低位，这可能与市场经济浪潮下诚信体系不完善有关，也可能受到不诚信商人的消极影响。青少年对商人的信任度低提醒了企业经济发展中规范化、法制化的重要性。青少年对网络直播带货员的信任度最低。随着智能网络时代的到来，人们的生活方式发生转变，网络购物已经成为数以亿计民众的选择。然而，直播带货人员虚假夸大宣传、缺乏售后等引发人们对网络直播带货的信任危机。这提醒网络运营商在信息化浪潮下加强制度信任、技术信任和网络带货人员的人格信任的必要性。青少年对地方公务员、工程师和政府机构领导干部的信任度尚可，但是对政府机构领导干部的信任度较低，而且对政府机构领导干部的信任和其声望地位差异较大。青少年一方面对政府机构领导干部抱有较高期待，一方面受到负面信息的影响，因此政府机构领导干部的职业声望高而民众信任感低。虽然民众会受到反腐过程中负面信息的影响而降低对政府机构领导干部的信任评价，但也有研究发现（张要要，2022）反腐可以提高民众的政府绩效评价、降低腐败感知，从而提高社会信任。

4.2 职业声望对青少年信任判断和信任决策的影响

4.2.1 实验目的与假设

研究目的：考察职业声望差序人际关系对青少年信任判断和信任选择的影响。

研究假设：职业声望差序关系影响青少年的信任判断和信任选择。青少年职业对信任判断的差序效应表现为高声望组＞中高声望组＞中等声望组＞中低声望组＞低声望组。

4.2.2 研究方法

4.2.2.1 被试

采用整群随机抽样，从初中一年级到高中三年级抽取1 395名在校学生。抽取对象均智力正常，具有阅读和理解能力。在施测过程中，共招募11名中学教师，均有心理健康教育受训经历和问卷施测经验，统一培训后分别开展测试。

4.2.2.2 测验方法

采用单因素被试内实验设计，自变量为职业声望层级（高层级＞中高

第4章 职业圈层差序性对青少年信任的影响研究

层级＞中等层级＞中低层级＞低层级），因变量是信任判断评分（从"1-十分不信任"到"5-十分信任"）和信任选择（投票决策：0~10票）。

4.2.2.3 实验材料

（1）个人信息问卷。其内容包括性别、年龄、家庭结构。

（2）差序关系启动问卷。采用有5个等级关系递增的职业圈层图（图4-1）：包含低声望组、中低声望组、中等声望组、中高声望组和高声望组共14种职业。低声望组有快递员、保安、网络直播带货员、商贩；中低组有工人、商人；中等组有中小学教师、军人、地方公务员；中高组有律师、医生、工程师、教授；高声望组为政府机构领导干部。职业声望代表"职业层级"。启动职业差序关系采用以上5个声望等级的职业金字塔。为控制权威影响力对青少年的影响，施测时在职业声望等级图中剔除"中小学教师"职业。

由于个人对职业是否存在等级存在不同看法，为控制职业价值观干扰，启动职业等级后询问被试"你是否认为不同职业之间存在等级差异""你认为图中关于职业等级的高低排列是否合理"，保留"比较赞同"和"十分赞同"的被试。

（3）信任判断和信任决策评分。职业信任的差序性检验方法采用"信任判断"和"信任决策"。信任判断任务是先在网络上发起了一项道德模范评选的投票活动，共有A、B、C、D、E 5名候选人，他们5人均将自己描述为"道德高尚，清清白白，为社会或集体做出了努力和贡献，忠诚，对他人守信，是一个值得信赖的人"。A的职业属于低声望组（快递员、保安、网络直播带货员、商贩等），B的职业属于中低声望组（商人、工人等），C的职业属于中等声望组（军人、地方公务员等），D的职业属于中高声望组（教授、医生、工程师、律师等），E的职业属于高声望组（政府机构领导干部等）。请你对A、B、C、D、E 5人的自我描述信任程度进行信任评分。

信任行为决策采用信任投票：针对刚才的道德模范评选活动，你分别有10票为每个候选者投票的权限，即你最多可以投10张票给A。你会给A投（　）票？你最多可以投10张票给B，你会给B投（　）票？要求被试依次做出决策，并为不同声望职业组的候选人投票。

4.2.3　结果分析

将回收的测试数据输入Excel表格中，排除测谎题中命中的、认为"职业声望无差别"和"不赞同职业声望分层图"的被试，共保留329名有效被试，被试保留率为23.6%。其中，初中一年级38人（11.6%），初中二年级138人（41.9%），初中三年级36人（10.9%），高中一年级34人（10.3%），高中二年级74人（22.5%），高中三年级9人（2.7%）。将有效数据导入SPSS 27.0进行运算分析。计算"高声望职业组""中高声望职业组""中等声望职业组""中低声望职业组""低声望职业组"5个职业等级的信任判断得分和投票的平均值和标准差。

4.2.3.1　信任判断和信任决策在不同职业声望层级上的差异分析

不同职业声望在信任判断上的差异检验见表4-2。

表4-2　不同职业声望在信任判断上的差异检验

声望层级	评分（$M \pm SD$）	F	p
低职业层级	3.20 ± 0.996	3.307	0.036
中低职业层级	3.22 ± 0.930		
中等职业层级	3.26 ± 0.900		
中高职业层级	3.12 ± 0.970		
高职业层级	3.10 ± 1.086		

通过声望职业对青少年信任判断任务的检验，发现不同职业声望层级对信任判断影响显著（F=3.307，p=0.036）。经过成对比较发现，对中等职业层级组的信任判断得分显著高于中高职业层级（m=0.146，p=0.000），对中等职业层级组的信任判断得分显著高于高职业层级（m=0.164，p=0.003），其他组别无显著差别。

4.2.3.2 信任行为决策在不同职业层级上的差异分析

不同职业声望在信任决策上的差异检验见表4-3。

表4-3 不同职业声望在信任决策上的差异检验

声望层级	评分（$M \pm SD$）	F	p
低职业层级	4.32 ± 3.239	1.458	0.234
中低职业层级	4.16 ± 2.991		
中等职业层级	4.25 ± 2.807		
中高职业层级	4.07 ± 2.808		
高职业层级	4.34 ± 3.253		

通过声望职业对青少年在信任行为决策的检验，发现不同职业声望层级对信任决策影响不显著（F=1.458，p=0.234）。但是经过成对比较发现，青少年对高职业层级的投票数量显著高于中高职业层级（m=0.274，p=0.005），对低职业层级的投票数量显著高于中低职业层级（m=0.164，p=0.037），其他组别对比均不存在显著差异。

4.2.4 讨论

本书发现，青少年对不同职业声望层级的信任判断存在显著差异，但在信任决策上差异不显著。事后成对比较发现，青少年对位于不同职业层级的信任判断和信任决策选择存在一定差异，且对同一职业层级的信任判断和信任决策呈现高度不一致现象。具体表现为，在信任判断上，他们对中等职业组的信任最高（3.26±0.900），显著高于中高组和最高组；对最高层职业声望组的信任评价分数最低（3.10±1.086）。在信任决策上，他们更愿意把选票投给最高职业组（4.34±3.253）和最低职业组（4.32±3.239），即对高职业组的投票数最高，显著高于中高组；最低职业组得票数位居次席，显著高于中低职业组。

信任决策的研究结果并未验证假设，也就是说，青少年的信任判断和信任行为决策与职业声望高低并不一致。就具体职业来说，中等职业层级包含了中小学教师（启动材料中未包含中小学教师）、军人和地方公务员，该职业层级在信任判断任务上得分最高。最高组（政府机构领导干部）在信任判断任务上得分最低，其次是教授、工程师、医生、律师所处的中高组。最高组和中高组的职业信任评分和职业声望评分的差别较大。人们往往会对象征正义的职业给予较高的声望评价，也通常会更加信任正义类职业（李强，2019）。本书未得出国际评价中惯常出现的评价结果。就职业声望而言，青少年存在着职业期待和职业憧憬，成为科学家、教授、政府机构领导干部等可能是诸多青少年的理想，因此对此类职业声望的评价较高；但是，又受到新闻媒体中对"官员""教授"等的负面事件的影响，对现实中此类职业存在一定程度的不信任。此外，对高层职业圈的不信任也可能与青少年的家庭职业类别有关，人们总是先预定自己的职业地位，然后从自身地位去看待其他职业，如社会心理学研究中"内群体偏爱"和"外群体偏见"，所以在进行信任评价的时候会出现更加相信自己（父母）所处的职业圈层。

在信任投票任务中，青少年更愿意把选票投给最高声望职业组和最低职业层级，这与信任判断的表现并不一致。自党的十八大"开门反腐"到如今，取得"反腐败"成效的同时，多种反腐案例的曝光使青少年对政府

第 4 章　职业圈层差序性对青少年信任的影响研究

机构领导干部的信任呈现矛盾状态：一方面在情感上在一定程度影响了青少年对"政府机构领导干部"的信任判断；另一方面在信任行为决策上依然保持了对"高权威"和"高地位"的偏爱。此外，传统"学而优则仕"的观念影响深远，即使部分青少年对"政府机构领导干部"的态度不一定积极，但实际上还是会相信他们在社会发展中扮演的重要角色，也相信他们在关键时刻能够帮助自己。低职业组中的快递员、保安、商贩等都属于比较辛苦的职业，这些劳累的工种更容易激发起人们的同情心，投票给此类职业可能反映了青少年对社会上辛苦劳作群体的道德关怀。此外，青少年愿意把选票投给中等职业声望组，这反映了他们对地方公务员和军人的认同。中国人对军人有天然的、无法言明的信任。对于地方公务员，随着近年来建立服务型政府的要求，制度建设、诚信建设等使公务员队伍的作风发生积极转变，现代信息技术发展使一站式服务成为可能，侧面提升了民众对地方公务员的满意度和信任感。

第5章 青少年差序信任的内隐实验

　　信任在人际交往中扮演着至关重要的角色。它可以促进个体之间的良好关系和合作，同时也能够帮助人们更好地与他人建立情感联系。当人们相互信任时，他们更愿意合作、分享信息和资源，在达成共同目标方面发挥积极作用。同时，信任也使得人们更容易获得支持和帮助，更容易感受到归属感和认同感。建立信任关系，人们能够更好地理解和尊重彼此的需求和价值观，从而更有可能维持长期的友谊或伴侣关系，减少日常的焦虑和压力感。如果没有信任，个体之间的交流和合作将变得困难，甚至会导致冲突和分裂，并且缺乏信任的人际关系常常充满不安和猜疑。这不仅影响个体的心理健康，还会阻碍个体的社会和经济发展。因此，信任关系是个体和社会、组织成功的重要前提。

　　在当代中国，由于社会经济快速发展和文化变革，青少年的信任观念和行为方式也发生了变化。与此同时，青少年在家庭、学校、社交媒体等不同环境中接收到的信息却存在差异。某些不正当的言论、社会现象可能会对青少年的人际信任产生冲击，这种不良信息可能对他们的成长和发展产生影响。因此，对青少年的"信任的差序性"进行内隐研究，可以更深入地揭露其处于道德发展关键时期的信任模式，为提高青少年的信任感和促进其健康成长提供科学依据。

本书选取广东韶关地区青少年作为被试，考察青少年的内隐差序信任，为当代青少年信任研究提供新的视角。

5.1 相关研究基础

5.1.1 信任的界定

信任是人们在相处的过程中，相互了解后产生的一种主观情感，是人类进行社会活动的基石，是人际关系的催化剂，是人与人、人与组织、人与政府之间的关键要素。但这一主观情感总在时时刻刻影响着人的判断。例如，人与人之间会出现偏私行为；人与政府之间会产生政府信任危机；在面对不同等级与职业的对象时，人们会更容易相信高等级或是高职业声望的一方，而轻视另一方。

李伟民和梁玉成（2002）提出中国人的信任结构表现为从亲缘关系出发，主要表现为"以具有血缘关系的亲属家庭成员为主，同时也包括有着亲密交往关系、置身于家族成员之外的亲朋密友"的"关系本位"取向的信任。这一信任结构是依据人与人之间先天的血缘联系和后天的归属关系得以形成和建立的，起主要作用的是关系中所包含的双方之间心理情感上的亲密认同。

在心理学中，信任被定义为一种个体的态度或信念，它涉及个体对他人或组织的评价和决策，包括是否与某人建立亲密关系、是否委托某人完成任务、是否投资于某项业务等。这种信念是建立在对对方过去的行为、品质和声誉等方面的观察和评估上的。信任具有动态性和多方面性，它可以随着观察到的行为和事件而变化，并受到外部环境和内在因素的影响。

历史上社会学、经济学、政治学等不同社会科学都曾尝试从各自的角度对信任这一较为抽象的概念进行研究、展开讨论，而鲜有人从心理学的角度对信任进行界定。当代心理学对信任的研究主要体现在人格心理学和认知心理学领域，研究者将人际信任理解为个体在特定的社会环境中产生的心理反应、形成的心理特质，或将其纳入个体的信息认知的框架中。在众多心理学研究中，信任往往被认为是一个复杂且多维的概念。信任的研究不仅涉及人类的本质和心理机制，还直接关系到社会和经济发展以及组织效能和创新能力等问题。

此外，信任也与许多其他心理学概念密切相关，如控制感、公正感、道德、自我效能感和社交支持等。信任既可以作为以上相关概念研究的基础，也可以作为相关研究的主要方向之一。

5.1.2 差序格局的界定

费孝通（2019）曾在《乡土中国》一书中以"石头丢进水中产生的水波纹式结构"来形容中国社会结构的格局，这一社会结构就被称为"差序格局"。阎云翔（2006）在探讨"差序格局"与中国文化的等级观时提道：费孝通所讲的差序格局是个立体多维的结构而非单一的平面结构，它不仅仅包含横向的以自我为中心的"差"，也包含纵向的刚性的等级化的"序"。在这种结构下，纵向的等级差别与横向的远近亲疏同样重要。同时，阎云翔也表示后人对"差序格局"产生了误解，将"差序格局"理解成社会关系的结构或者是人际关系的结构，只对"差序格局"的横向的"差"进行片面的研究，却忽视了其中包含的纵向的"序"，导致"差序格局"失去了其原有的丰富内涵。

目前在学术界，"差序格局"仍没有一个准确的定义。后人在理解和解释其概念时见仁见智：大部分学者从人际关系的亲疏远近入手对差序格局进行探讨；有的学者则认为差序格局阐述的是一种多维立体的社会结构，人际关系只是这个社会结构的重要组成部分。结合已有文献，本书更倾向于将差序格局作为一种社会结构进行研究。

卞军凤（2015）在对青少年道德取向的差序效应的研究中，曾对青少年人际关系差序格局特征进行了探究及阐述。其中在信任特征维度上，被试对5个目标对象的评分存在极其显著的差异，表现为母亲＞亲兄弟姐妹＞密友＞一般朋友＞熟人。青少年的差序关系顺序由近及远表现为直系血亲和恋人、父系的旁系血亲和密友、旁系血亲和一般朋友、母系旁系亲属和熟人，且在人际关系特征维度呈现出与关系相对应的差序性。

5.2 差序信任的相关研究

5.2.1 国内相关研究

差序信任是指个体对于不同类别的人或群体持有不同程度的信任感，并且其信任模式表现出差序格局的特点。人们对于不同权威等级的对象的信任程度也不相同。在国内的相关研究中，差序信任常被用来探讨社会关系、社会支持、社会适应等问题。

差序信任可以基于多种因素形成，如社会经济地位、文化身份等。有文献表明，社会经济地位是影响差序信任的重要因素之一（齐亚强，张子馨，2022）。低社会经济地位群体往往更加容易受到歧视和排斥，从而导致其在特定社会关系中持有较低的信任感。文化身份对差序信任也具有极大的影响力。不同文化背景的人在面对同一社会情境时可能会对其信任感产生不同程度的影响，进而形成不同的差序信任现象。

马晓飞、杜伟（2015）认为差序信任通常被定义为个体在不同社会关系中对不同对象持有不同程度信任的现象。王丽丽（2014）基于差序信任的类型，将其分为基于群体差异的差序信任、基于角色差异的差序信任和基于关系差异的差序信任。

也有研究表明，不同亲疏关系、等级关系会显著地影响青少年的道德特质判断，并呈现出对更亲密或更高等级的对象的道德特质判断更趋向积极的趋势，即在青少年时期就已经展现出差序信任对公民的道德判断会产生较为显著的影响。张宏润（2019）通过结构化访谈的方式发现青少年群体的社会信任度和利他水平都处于中等水平，社会信任度高的青少年利他行为水平也相对较高。

5.2.2 国外相关研究

差序信任也可能会对个体和社会产生重要的影响，如影响社会合作、心理健康等方面。信任能缓解人与人交往时产生的紧张情绪，也能促使人与群体之间关系更为融洽。

廖本哲和简咏喜（2004）将信任看作一种心理状态，这种心理状态可能是由对于被信任者的信任相关态度的激活引起的。在实验中，研究者同时使用外显和内隐的方式研究了信任在安全文化中的作用。在外显实验中，研究者发现高危行业人群对他们的同事、主管和工厂领导表达了明确的信任；但在内隐实验中，研究发现参与者只表达了对同事的内隐信任。这一研究结果不仅仅显示出了信任的差异性特征，也表明仅用外显测验不能全面地描述人们对他人的信任态度。尤其是处在中国传统美德强调团结和谐这一教育背景下，由于社会期许性的影响，被试往往不能全然表达自己真实的信任态度。内隐测验则能够更深入地测量人们自己意识不到的内隐信任态度，也就是测量被试对于被信任者的信任相关态度的自动激活水平。

5.3 问题的提出

结合文献综述，我们可以看出目前对于差序信任的研究有很多值得认可和借鉴的成果，但是同时也存在一些缺点和不足值得我们探索和改进。

（1）虽然多个领域的学者都对"差序格局"这一极具中国特色的社会现象进行过相关的研究，但是目前对差序格局仍存在一些争议，其中最大的争议在于对差序格局的定义。相当一部分学者仅对"差序格局"的亲疏关系进行研究，而不重视或是直接忽略了等级关系，导致研究不够深入。

（2）心理学界对信任的研究已经取得了相当丰富的研究成果，但是对信任的内隐判断研究相对滞后。青少年群体的内隐差序信任究竟如何影响其信任模式除了一些理论论述，尚无更多的科学依据。

（3）以往对信任的研究主要测量的是外显水平的信任态度，然而用外显测试来描述信任态度具有一定的限制，不能全面地描述信任态度。此外，针对不同群体之间内隐信任判断的差异性研究没有得到充分的论证，需要经过更多的实验支持。

综上所述，青少年群体的内隐差序信任主要表现在对不同亲疏、等级关系的人有不同的信任程度。根据本书对差序格局的界定，我们可以分别从两个不同的圈层考察青少年的内隐差序信任：一个是从亲缘圈层出发，考察横向、具有弹性的以"己"为中心的"差";另一个是从等级圈层出发,考察纵向、刚性的等级化的"序"。

本书通过反应/不反应联想测试（go/no-go association task,GNAT）测量青少年对不同亲缘或等级的内隐信任态度。GNAT通过测试亲疏关系（非常亲密、一般亲密、不亲密）、等级关系（高等级、同等等级、低等级）与态度（如信任）之间的自动连接的强度,内隐地测量被试对不同类别的态度。

5.4　研究方法

GNAT是由内隐联想测试（implicit association test,IAT）发展而来,有较好的测量信度。在亲疏关系对信任判断的影响实验中,我们给被试呈现不同亲疏关系的图示,由被试自行进行提名,以及描述信任态度的词语（信任和不信任）。在一个实验条件下,一类亲疏关系和一类信任态度被设定为目标刺激,如非常亲密和信任词语;其他亲疏关系和信任态度则为干扰刺激,如一般亲密、不亲密和不信任词语。在不同实验条件下,目标刺激和干扰刺激包含不同的亲疏关系、态度组合。实验要求被试在目标刺激出现后迅速做出按键反应（反应,go）,而在干扰刺激出现时不做出反应（不反应,no-go）。等级关系对信任判断的影响实验同理。

由于亲疏关系/等级关系与态度间的连接强度存在差异,人们对连接强的组合的反应正确率往往高于连接弱的组合。GNAT采用了信号检测论的思想,将目标刺激视为信号,而将分心刺激视为噪声。对目标刺激的辨别力能够反映出目标刺激中类别和态度的连接强度,可通过辨别力指数（d'）来测量。相对于IAT范式,GNAT范式的优势在于能够测量被试对某一个群体的态度，无须以被试对另一个群体的态度作为对照。因此，GNAT能够有效区分人们对不同亲疏关系或等级关系对象的差序信任。

5.5 研究一：亲疏圈层下的信任研究

5.5.1 实验假设

不同亲疏关系个体与信任态度词之间的联结存在显著差异。具体表现为与自己关系更亲密的个体与信任态度词之间的联结紧密程度高于与自己关系更疏远的个体，即更信任与自己关系更亲密的个体；同时，其信任模式表现为横向的、由亲到疏的差序信任。

5.5.2 实验方法

5.5.2.1 实验被试

选取某中学31名学生参与实验，其中女生25人，男生6人。被试平均年龄为14岁。所有被试均自愿参加实验，并且从前未做过类似的实验；反应能力正常，视力或矫正视力正常。已剔除不理解实验任务及在实验过程中感到无法作答的被试数据。

5.5.2.2 实验材料

本书用于GNAT的类别刺激为6个亲疏提名（包括非常亲密、一般亲密、不亲密3个层次，每个层次2个提名）。

用于描述信任态度的词语来自伯恩斯、默恩斯、麦乔治（Burn, Mearns, and McGeorge, 2006）的研究，每类信任词各6个。描述信任的词语有诚实、可靠、信赖、忠诚、确信、可依赖的，上述信任词语的平均信任评级为4.42（SD=0.26），具有较高的信任度；描述不信任的词语有撒

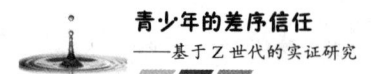

谎、欺骗、叛徒、背叛、狡猾、不正直的，上述不信任词语的平均信任评级为1.21（SD=0.19），表明其缺乏信任。

5.5.2.3 实验设计和程序

本书使用E-prime来控制和呈现所有刺激。被试在电脑上单独完成。实验采用GNAT为3（亲疏关系：非常亲密、一般亲密、不亲密）×2（信任态度：信任、不信任）被试内实验设计，以被试的辨别力指标作为测量指标，内隐地测量其信任态度。

在实验中，被试首先完成6个亲疏提名，再进行2个阶段的练习任务。要求被试对某一类刺激做出按键反应（如非常亲密），以帮助他们熟悉下列正式实验中将出现的相关刺激。练习任务的每个试次后呈现反馈，绿色的"√"表示反应正确，红色的"×"表示反应错误，反馈呈现500ms。

正式任务要求被试对某一亲疏条件和信任条件做出反应（如一般亲密和不信任）。信号与噪声随机出现。正式任务的每个阶段包含36个试次（12个试次为有反馈的练习试次），其中包括亲疏提名刺激18个试次（非常亲密提名、一般亲密提名、不亲密提名）、信任态度词语18个试次（信任词、不信任词）。亲疏提名和信任态度词的组合共有6种，每种组合分别为一个正式任务阶段的目标刺激：非常亲密+信任，非常亲密+不信任，一般亲密+信任，一般亲密+不信任，不亲密+信任，不亲密+不信任。每种组合出现顺序随机。

GNAT程序示意见表5-1。

第5章 青少年差序信任的内隐实验

表5-1 GNAT程序示意

阶段	试次	功能	目标词			
			亲疏关系提名			信任词	不信任词
			非常亲密	一般亲密	不亲密		
1	12	练习	▲	▲	▲		
2	12	练习				▲	▲
3	36	练习+测验	▲			▲	
4	36	练习+测验	▲				▲
5	36	练习+测验		▲		▲	
6	36	练习+测验		▲			▲
7	36	练习+测验			▲	▲	
8	36	练习+测验			▲		▲

正式任务开始时，作为目标刺激的两个条件同时呈现在屏幕的左上和右上，以便在当前条件下提示被试，任务结束后消失。同时，屏幕中间呈现一个注视点"+"，注视点呈现500ms，随后于屏幕正中央呈现实验刺激（亲疏提名词或信任态度词），已对刺激的呈现间隔进行控制。Nosek和Banaji（2001）在针对GNAT的研究中提出：测量自动认知的最有效的响应时长在500到850ms之间，在这一响应区间内的反应能有效降低天花板效应，但不至于大幅降低精确性。考虑到中学生的思维特点，本书将正式任务的实验刺激呈现时长定为850ms。如果刺激属于目标刺激（如在"非常亲密+信任"条件中出现信任态度词），被试需要在实验刺激呈现时尽快做出按键反应；如果刺激不属于目标刺激（如在"非常亲密+信任"条件中出现不信任态度词），被试则不做出反应。计算机自动记录被试按键的正确率及反应时。单个试次的具体流程如图5-1、图5-2所示（以不亲密+不信任为例）。

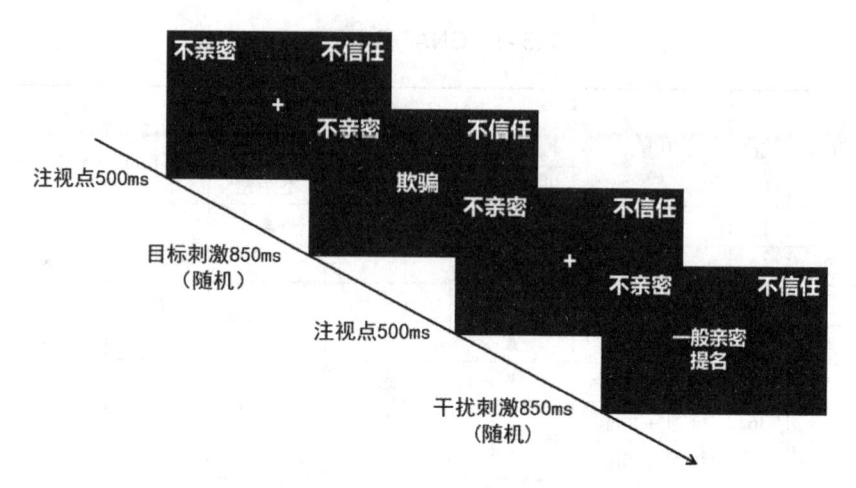

图5-1 亲疏关系实验流程

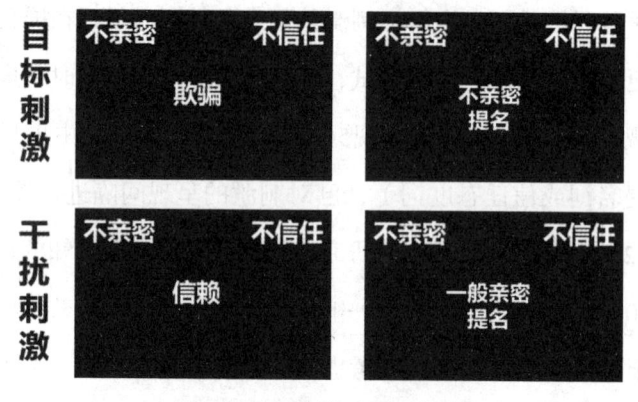

图5-2 亲疏关系呈现刺激

5.5.3 实验结果

导出实验数据，分别计算不同条件下被试的击中率（正确的go反应）和虚报率（错误的no-go反应），以计算被试每个阶段的辨别力指数，建立Excel表格。

亲疏关系正式阶段各实验任务的辨别力指数见表5-2。

表5-2 亲疏关系正式阶段各实验任务的辨别力指数

项目	非常亲密		一般亲密		不亲密	
	信任	不信任	信任	不信任	信任	不信任
均值	2.452	2.242	2.042	1.888	1.395	2.171
标准差	1.103	1.014	1.002	0.895	0.843	0.939

采用SPSS 21.0对6个正式任务中的辨别力指数进行3（亲疏关系：非常亲密、一般亲密、不亲密）×2（信任态度：信任、不信任）重复测量方差分析。结果（表5-3）表明，亲疏关系的主效应显著（F=12.813，p<0.05）；信任态度的主效应不显著（F=3.95，p>0.05）；亲疏关系与信任态度的交互效应显著（F=15.26，p<0.05）。因此，对亲疏关系和信任态度进行简单效应分析，以考察不同亲疏关系下的信任态度差异。自由度用df表示。

表5-3 不同辨别力指数的重复测量方差分析

变异来源	df	F	p
亲疏关系	2	12.813	0.000
信任态度	1	3.95	0.056
亲疏关系 × 信任态度	2	15.26	0.000

在信任条件下，当目标词为"非常亲密+信任态度词"和"一般亲密+信任态度词"时，被试的辨别力指数差异显著（p<0.05），即被试对于"非常亲密+信任态度词"的辨别力显著高于"一般亲密+信任态度词"，见表5-2。也就是说，当把非常亲密提名和信任态度词作为目标刺激时，被试更容易从干扰刺激中将其分辨出来。这个结果表明非常亲密提名与信任态度词的联结更为紧密，被试对非常亲密个体的信任程度显著高于一般亲密个体。

当目标词为"一般亲密+信任态度词"和"不亲密+信任态度词"时，

被试的辨别力指数差异极其显著（$p<0.01$），即被试对于"一般亲密+信任态度词"的辨别力显著高于"不亲密+信任态度词"，见表5-2。这表明被试对一般亲密个体的信任程度显著高于不亲密个体。

此外，"非常亲密+信任态度词"与"不亲密+信任态度词"间的差异也是极其显著的（$p<0.01$），表现为被试对于"非常亲密+信信态度词"的辨别力显著高于"不亲密+信任态度词"，见表5-2。

在不信任条件下，仅有"非常亲密+不信任态度词"和"一般亲密+不信任态度词"间的辨别力指数差异显著（$p<0.05$），表现为被试对于"非常亲密+不信任态度词"的辨别力显著高于"一般亲密+不信任态度词"，见表5-2。这表明被试对非常亲密个体的不信任程度显著高于一般亲密个体。

5.6 研究二：等级圈层下的信任研究

5.6.1 实验假设

不同等级关系个体与信任态度词之间的联结存在显著差异。具体表现为比自己等级更高（高权威）的个体与信任态度词之间的联结紧密程度高于比自己等级更低（低权威）的个体，即更信任比自己等级更高的个体；同时，其信任模式表现为纵向的、由高到低的差序信任。

5.6.2 实验方法

5.6.2.1 实验被试

选取广东省韶关市某中学33名学生参与实验，其中女生23人，男生10人。被试平均年龄为14岁。所有被试均自愿参加实验，并且从前未做过类似的实验；反应能力正常，视力或矫正视力正常。已剔除不理解实验任务及在实验过程中感到无法作答的被试数据。

5.6.2.2 实验材料

本书用于GNAT的类别刺激为6个等级提名（包括高等级、同等级、低等级3个层次，每个层次2个提名）。

用于描述信任态度的词语同研究一。信任态度词为诚实、可靠、信赖、忠诚、确信、可依赖的；不信任态度词语为撒谎、欺骗、叛徒、背叛、狡猾、不正直的。

5.6.2.3 实验设计和程序

实验为3（等级关系：高等级、同等级、低等级）×2（信任态度：信任、不信任）被试内实验设计，以被试的辨别力指标d'作为测量指标。实验程序参照研究一，只是将亲疏提名改为等级提名。单个试次的具体流程如图5-3、图5-4所示（以低等级+不信任为例）。

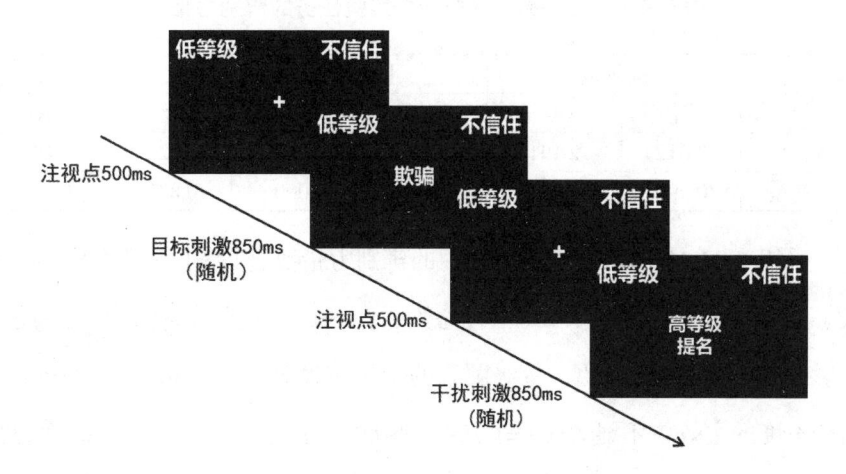

图5-3　等级关系实验流程

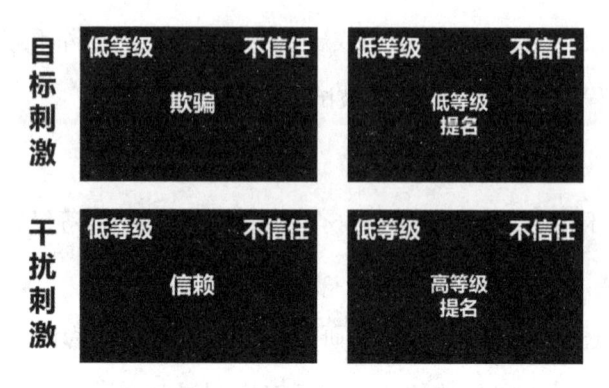

图5-4 等级关系呈现刺激

5.6.3 实验结果

导出实验数据，分别计算不同条件下被试的击中率（正确的go反应）和虚报率（错误的no-go反应），以计算被试每个阶段的辨别力指数，建立Excel表格。

等级关系正式阶段各实验任务的辨别力指数见表5-4。

表5-4 等级关系正式阶段各实验任务的辨别力指数

项目	高等级		同等级		低等级	
	信任	不信任	信任	不信任	信任	不信任
均值	2.612	2.191	2.397	2.013	1.722	2.197
标准差	0.909	0.895	0.868	1.000	0.832	0.990

采用SPSS 21.0对6个正式任务中的辨别力指数进行3（等级关系：高等级、同等级、低等级）×2（信任态度：信任、不信任）重复测量方差分析。结果（表5-5）表明，等级关系的主效应显著（$F=7.804$，$p<0.05$）；信任态度的主效应不显著（$F=1.729$，$p>0.05$）；等级关系与信任态度的交互效应显著（$F=10.665$，$p<0.05$）。因此，对等级关系和信任态度进行简单效应分析，以考察不同等级关系下的信任态度差异。

表5-5 不同辨别力指数的重复测量方差分析

变异来源	df	F	p
等级关系	2	7.804	0.001
信任态度	1	1.729	0.198
等级关系 × 信任态度	2	10.665	0.000

在信任条件下，当目标词为"高等级+信任态度词"和"低等级+信任态度词"时，被试的辨别力指数差异极其显著（$p<0.01$），即被试对于"高等级+信任态度词"的辨别力显著高于"低等级+信任态度词"，见表5-4。也就是说，当把高等级提名和信任态度词作为目标刺激时，被试更容易从干扰刺激中将其分辨出来。这个结果表明高等级提名与信任态度词的联结更为紧密，被试对高等级个体的信任程度显著高于低等级个体。

当目标词为"同等级+信任态度词"和"低等级+信任态度词"时，被试的辨别力指数差异极其显著（$p<0.01$），即被试对于"同等级+信任态度词"的辨别力显著高于"低等级+信任态度词"，见表5-4。这表明被试对同等级个体的信任程度显著高于低等级个体。

此外，"高等级+信任态度词"与"同等级+信任态度词"之间的辨别力指数无显著差异（$p>0.05$）。在不信任条件下，各等级条件与不信任态度词之间的联结也无显著差异（$p>0.05$）。

5.7 讨论

5.7.1 青少年在亲疏圈层下信任模式

通过对辨别力指数的重复测量方差分析发现：不同亲疏关系与信任条件各联结间的差异显著。其中，对于非常亲密个体和信任态度词的辨别力最高；对于一般亲密个体和信任态度词的辨别力居中；对于不亲密和信任态度词的辨别力最低。这符合更信任与自己关系更亲密个体的实验假设。其信任模式为非常亲密个体＞一般亲密个体＞不亲密个体，呈现由亲到疏的差序信任。

此外，值得注意的是在不信任条件下，仅有"非常亲密"与"一般亲密"条件下的辨别力指标存在差异，并且这一差异与信任条件下青少年对于非常亲密个体与一般亲密个体的结果不一致。出现这种结果的原因可能是，实验材料采用的是被试自己的提名，获得了更好的语义加工效果，让更多的情绪情感加入判断。而青少年正处于离开家庭走向社会的关键转型期，对于与父母亲人或是身边亲朋密友的亲密程度关系无法进行更确切、量化的界定。因此，当青少年在进行亲疏关系提名时，能够被纳入其内团体的人群是十分宽泛的，针对非常亲密关系与一般亲密关系的提名往往会存在一定差异，但对其进行信任判断的差异则并不明显。

5.7.2 青少年在等级圈层下的信任模式

在研究二中，通过对辨别力指数的重复测量方差分析，我们发现：青少年对于高等级个体和同等级个体的信任程度明显高于低等级个体，但高等级个体与同等级个体间的信任程度不存在显著差异；呈现出对高等级个体和同等级个体的信任程度较高，对低等级个体的信任程度较低的趋势。实验结果与实验假设有所出入，在不同等级关系的信任并不符合纵向的、由高到低的差序信任。

这一信任程度差异可能受到青少年人际交往范围的影响，青少年的人际交往圈往往被限制在学校、家庭和网络中，在高等级提名中常出现的有"某老师""某国家领导人"等在中学生人际关系网络中被普遍认为是具有一定"权威"的人物，该提名受社会影响较大；在同等级提名中出现最多的则是与被试关系良好的某某同学或年龄相近的兄弟姐妹，对该提名的信任程度在一定程度上也受到亲疏关系条件影响。该实验结果表明被试在内隐态度上，对于外界认为权威程度更高个体的信任程度不一定高于与被试关系亲密的个体；同时，其信任程度受到亲疏关系的影响大于等级关系。

还有研究表明：当人们在社会等级背景下的社会互动中识别出社会等级信号时，就意味着接收到对特定社会行为的期望，这种期望能够驱动着人们做出某种特定的社会行为。在实验中将被试对等级关系的提名作为实验材料也传递了这种期望信号，这一期望信号对于被试做出与社会期望相符的行为有一定的影响，即权威程度更高的个体值得信任。因而，提升了被试在高等级和信任态度词条件下联结的紧密程度。

5.8 不足与展望

从实验的对象看，本书的实验对象主要是在校中学生。首先，本书获取的实验有效数据较少。因需保证被试明确实验任务以及保证足够的正式任务试次，实验的内容较复杂、完成实验所需时间较长，导致了部分的被试及数据流失。其次，中学生正处于离开家庭走向社会的关键转型期，还未形成对于不同程度亲密关系的精确界定，一定程度上削弱了研究结果的可靠性。

从实验方法和技术看，本书采用的研究范式和实验程序还需进行进一步完善。例如，可以采取多个指标对差序信任进行反复验证；或采取眼动、脑电等指标，深入探讨差序信任的神经生理基础。

第 6 章　讨论与结论

随着全球化浪潮的推进和社会分工的细化，与他人共同生存越来越成为一种必然，而社会复杂化、一体化的进程就是信任扩张的过程。西美尔（Georg Simmel）说，信任是社会最重要的整合力量；没有信任，人类社会将可能不会存在。我国学者从20世纪80年代以来开始关注信任的研究，随着郑也夫、彭泗清、李熠煜、高兆明和张康之等人对信任相关研究的深入，将信任的关注拓展到信任人格、信任行为和信任方式等向度。中西方学者对中国人信任的判断存在着较为稳定的"关系趋向"，网络全息时代下社会变迁对青少年信任的影响关乎着民族发展。

本书通过对Z世代青少年人际关系差序性的特点、差序信任现状和信任的差序效应检验等研究，考察了青少年人际关系差序性在以"己"为中心的柔性差序（包括亲缘关系为主的横向差序和权威等级为主的纵向差序）和社会形态中天然存在的刚性差序（职业声望层级）的信任现状以及它们对信任的影响。

6.1 青少年差序关系的特点

受传统儒家思想"以伦常为中心"的深远影响，贵贱、尊卑、长幼、亲疏有别，并通过差别性的行为规范达到"有别"的境地，传统社会忠、孝、从、顺等关键字正是对各种差序关系的体现。本书发现，青少年在亲缘关系上依然存在着较为明显的差序关系。但和以往相比，亲缘差序关系呈现出家族亲属亲缘关系弱化、个人社交网络关系亲近度增加、网络化和虚拟化亲近关系开始出现等时代特点。

互联网式生活使年轻一代的社交圈窄化，家族观念、亲属观念逐渐随着家族规模的缩小和传统仪式的失去而逐渐淡化，如传统的给长辈拜年仪式逐渐演变为"云拜年"，给祖宗祭祀的方式也开始出现"云祭祀"。人口流动也在一定程度加速了这一进程，亲属之间由于地缘关系的疏远而减少现实沟通和互动，使青少年一代对亲属感到陌生，甚至逐渐演变成"断亲"现象。朋友交往和网络虚拟交往不仅成为青少年社交活动中常见要素，也契合青春期个体自我意识觉醒的内在需要。自我意识的觉醒、逆反心理的出现、对友谊的追求、对现实世界人际关系的不满等因素，让他们或在现实世界中依赖好朋友，或在网上寻求心灵陪伴，将心事讲给好友或网友，寻求他们的共情、理解和支持。

权威影响力差序关系方面，教师在青少年心目中的地位依然占据最高位。这说明虽然时代在变化，教师的形象和地位也在一定程度上有所不同，师生互动方式也不再是传统的"权威—服从"关系，但是教师的天然权威对青少年依然十分重要，传统的"向师性"尚未转变。此外，各界流量名人开始出现在青少年的权威影响力的提名范围。这也反映了他们不仅深受校园情景中人际互动的影响，也开始明显受到互联网信息的影响。

职业声望层级的差序方面，青少年对不同职业声望的打分呈现显著差异，但是仅有23.6%的被试认为职业声望分是有分层的。青少年处于理想主义价值观阶段，对现实世界的判断呈个人理想化特点，近八成青少年认为"职业无差别"。清华大学李强对成年人的职业声望调研时发现，部分在接受访谈时认为"职业声望无等级"的被调研者，被问及自己或后代"选择什么样的职业"时却表现出了明显的倾向性判断。政府机构领导干部、教授、工程师、医生、律师等社会上受人认可的传统职业在青少年心中依然占据着重要地位，体力劳动相关不稳定职业的职业声望较低，网络直播相关职业受认可度最低。这说明青少年虽然深受网络影响，但是在内心深处依然存在着中国传统的职业认知，这就不难理解高校毕业生对"高学历""高稳定""高社会地位"的高度认同和不懈追求。

6.2 青少年差序信任的现状

研究发现，青少年在亲缘、等级和职业3个方面均存在着不同特点的差序信任。在亲缘方面，青少年对亲近关系人物信任度从高到低的排序是，父母和密友＞同辈和隔辈亲属＞父母辈亲属＞朋友和熟人＞网友。值得注意的是，信任度和亲密度并不完全一致，主要表现在对网友、朋友、熟人的亲密度较高但信任度较低的差异。这说明青少年与网友和朋友的交往较多、彼此分享感受，但是在内心深处对朋友和网友的信任度并不高，这可能由于朋友、网友这类人际关系具有非血缘性、不稳定性和虚拟性等因素。在权威影响力等级方面，青少年存在着自下而上信任度递增的差序性，这符合传统社会心理学研究中人们对"权威""专家"等高影响力的人物更加信任的研究结果。在职业信任方面，青少年对军人、教授和医生等信任度依然较高，对高声望层级的职业信任度并不高。这说明青少年对高声望职业的内在认同，但又因为高声望组中的个别人出现的贪腐等负面信息的传播，降低了人们对高声望组的整体信任感。军人、教授、医生等在社会上多以积极正面形象面世；另外，青少年在学校德育过程中接触到的德育经典案例、影视节目中的形象和新闻媒体的正面宣传，大多和这些职业有关，在一定程度上增进了青少年对这类职业的信任度。例如，遇到困难找"警察叔叔"，社会安定依赖"解放军叔叔"，生病了医生可以"救死扶伤"，这都在无形之中影响着孩子们对这类职业的正面印象，从而增进了对这些职业的信任度。青少年对低声望组职业的信任度最低，这可能与低声望组的职业的从业门槛较低，人员构成鱼龙混杂，部分从业人员在工作过程中会出现"轻道德约束重逐利"的现象。人们对不同职业声望的差序信任，体现了构建职业秩序的紧迫性与缩小职业差异、提高各层级从业人员道德水平和综合素养的重要性。

6.3 差序关系对青少年信任的影响

研究发现，不同差序关系对青少年信任均有一定的影响。在亲缘方面，他们最信任和自己有血缘关系的人，这与亲密关系的人际差序性有所不同。无血缘关系的人亲近高（朋友、熟人）但信任度并不高，这可能与信任判断和信任行为决策任务选择了"金钱"有关。这种特点也说明了不同亲近关系的信任成分不同：在家族式亲疏关系中，更加紧密的家族联结、更加稳定的血亲关系让实际的物质交换成为可能。有血亲关系的人们更加信任在经济和物质方面的行为活动。朋友和熟人关系之间的信任成分更多扮演着情感交互成分，即彼此分享秘密和心事等。但是，朋友和熟人关系具有随机的、不稳定性和非血缘性等特点，真正在物质和经济交换时会显得信任度不足。

在权威影响力方面，青少年更愿意信任高权威影响力的群体，也更愿意对高权威影响力的个体做出信任决策行为。高影响力和高权威也代表了拥有更多社会资源的可能性，拥有更多社会资源的人遇到困难的机会较小所以更加可信。此外，人们会天然对自己的付出有回应期待，不论是精神期待还是物质期待，权威影响力大的人更加有可能做出"回报"行为。

在职业声望层级方面，在信任判断上，青少年对中等职业组的信任最高，对最高层职业声望组的信任评价分数最低。在信任决策上，他们更愿意把选票投给最高职业组和最低职业组。本书将"政府机构领导干部"作为最高声望组进行测试，发现青少年对本层级的信任评价分数最低，这可能与国家治理贪腐过程中不断曝光领导干部贪污腐败的案例影响有关。尽管青少年对"政府机构领导干部"的信任判断分数较低，但是在信任行为决策上，又更加愿意投票给该群体。这看起来是相矛盾，但恰恰反映了青少年"虽然我现在不信任你，但是我觉得你是应该值得信任的"的心理。这里反映的是对高职业声望组现状的不信任，但是真正需要做出行为决策时，又愿意将更多的机会给他们。这里也将"政府机构领导干部"和国家政府无形中联系在一起。据知名公关公司爱德曼（Edelman）发布的《2022年爱德曼全球信任度调查中国报告》指出，中国民众对政府的信任指数高达82，位居全部参与调查国家的榜首。

6.4　结论

第一，青少年亲缘（亲密度）人际关系的差序性由近及远表现为父母

第6章 讨论与结论

和同性别密友、普通朋友和熟人、奶奶和网友、同辈与隔辈亲属和异性密友、父母辈亲属。

第二，青少年对不同亲缘圈层的信任评分由高到低表现为父母及同性别密友、同辈和隔辈亲属、父母辈亲属、熟人和普通朋友、网友。

第三，青少年信任判断和信任行为决策在亲缘关系上均存在显著的差序效应。在信任判断上，判断青少年对越亲密的群体信任度越高，对陌生群体的信任度低；信任行为决策上，青少年更愿意借钱给和自己亲近的人，尤其是有血缘关系的人。

第四，青少年对高权威等级、同权威等级和低权威等级的提名主要聚焦在学校情境中人物关系、家庭情境人物关系和社会情境人物。其中，在"高权威等级"提名中，学校情境中人物关系最多，如校长、科任老师、班主任、高年级学生；在"同权威等级"提名中，学校情境人物关系最多，如同学、好朋友、校友；在"低权威等级"提名中，主要集中于比自己小的同辈分家人或亲属。

第五，青少年在权威影响力等级上存在差序信任。对那些比自己权威和影响力等级高的人，信任程度较高；对和自己权威和影响力同等级的人，信任程度一般；对权威和影响力不如自己的人，信任度最低。

第六，青少年信任判断和信任行为决策均受到权威影响力高低的影响。权威影响力对信任判断和信任行为决策的影响表现一致，即对高权威者更信任，也更愿意做出捐助行为，捐款数量更高；对低权威者更不信任，愿意做出的捐助和捐款数量更少。

第七，青少年对不同职业的信任度由高到低依次是军人、医生、教授、律师、中小学教师、地方公务员、工程师、政府机构领导干部、工人、保安、快递员、商贩、大商人、网络直播带货员。以职业声望分组，通过青少年对不同职业声望层级组的信任的评分计算,发现他们对不同职业层级组的信任得分由高到低分别是中等声望组、中高声望组、高声望组、中低声望组和低声望组。

第八,青少年对不同职业声望层级的信任判断存在显著差异,但在信任决策上差异不显著。在信任判断上,他们对中等职业组的信任最高,显著高于中高组和最高组;对最高层职业声望组的信任评价分数最低。在信任决策上,他们更愿意把选票投给最高职业组和最低职业组,即对高职业组的投票数最高,显著高于中高组;最低职业组得票数位居次席,显著高于中低职业组。

第九,青少年信任在外显和内隐实验中均呈现出一致的差序效应。

参考文献

一、中文参考文献

白延国，2012．成人依恋的GNAT内隐测量研究［D］．呼和浩特：内蒙古师范大学．

鲍尔比，2018．依恋三部曲：依恋、分离、丧失［M］．汪智艳，王婷婷，译．北京：世界图书出版公司．

卞军凤，2015．青少年道德取向的差序效应及其影响因素研究［D］．长沙：湖南师范大学．

卞军凤，燕良轼，2015．5～12岁儿童人际关系差序性对道德公正与道德关怀的影响［J］．学前教育研究（5）：38-44．

蔡华俭，2003．Greenwald提出的内隐联想测验介绍［J］．心理科学进展（3）：339-344．

曹慧中，2007．民族认同与民族旅游［J］．民族论坛（4）：18-19．

陈方舟，2017．中国独生子女的媒介形象研究［D］．广州：暨南大学．

陈国权，毛益民，2013．腐败裂变式扩散：一种社会交换分析［J］．浙江大学学报（人文社会科学版）（2）：5-13．

陈树婷，2006．高中生情绪智力、人际关系和学业成绩的相关性研究［D］．杭州：浙江大学．

陈翔，2017．文化与利益因素对中国人人际信任模式的影响研究［D］．南京：南京师范大学．

陈雪，2008．初中生人际信任和父母教养方式的关系［J］．枣庄学院学报，25（6）：92-98．

陈永，张冉冉，2017．人际信任在性别属性上的差异［J］．中国健康心理学杂志，25（9）：3．

陈云松，沃克尔，弗莱普，2014．"关系人"没用吗？——社会资本求职效应的论战与新证［J］．社会学研究（3）：100-121．

崔巍，2010．社会信任及其经济意义［J］．社会科学辑刊（6）：61-65．

翟学伟，2008．进步的观念与文化认同的危机——对中国人价值变迁机制的探讨［J］．开放时代（1）：77-88．

翟学伟，2011．诚信、信任与信用：概念的澄清与历史的演进［J］．江海学刊（5）：107-114．

丁芳，2013．政府诚信的法治化解读［J］．前沿（9）：76-78．

杜瑞芹，2010．中国传统乡土伦理与当代农村人际关系研究［D］．西宁：青海师范大学．

杜世超，2019．另一种信任格局：互联网消费中的信任构建［J］．中国研究，23（1）：142-160．

范伟，张科静，2020．职业声望对大学生就业选择的影响研究——以Q大学2020届毕业生为例［J］．中国大学生就业（15）：50-54．

费孝通，2019．乡土中国［M］．上海：上海人民出版社．

福山，2001．信任：社会美德与创造繁荣经济［M］．彭志华，译．海口：海南出版社．

福山，2012．政治秩序的起源从前人类时代到法国大革命［M］．毛俊杰，译．桂林：广西师范大学出版社．

高华平，王齐洲，张三夕，2015．韩非子［M］．北京：中华书局．

高岚，王可欣，陈晨，等，2016．大学生依恋类型、亲密关系满意度与抑郁的关系研究［J］．中国全科医学（31）：3850-3854．

高青林，周媛，2021．计算模型视角下信任形成的心理和神经机制——基于信任博弈中投资者的角度［J］．心理科学进展，29（1）：178-189．

高兆明，2002．信任危机的现代性解释［J］．学术研究（4）：11．

龚娇，李伟强，陈铭等，2019．社会阶层与信任之间的关系：来自元分析的证据［J］．心理技术与应用，7（6）：346-357．

顾实，2021．汉书艺文志讲疏［M］．北京：商务印书馆．

郭慧云，2016．论信任［M］．重庆：西南师范大学出版社．

郭容，傅鑫媛，2019．社会阶层信号及其对人际水平社会互动的影响［J］．心理科学进展，27（7）：1268-1274．

郭为，王静，李承哲，2021．农民非农就业与农民家庭旅游消费支出——基于中国家庭追踪调查2012—2014数据的实证分析［J］．旅游科学（3）：62-78．

郭晓薇，2000．大学生社交焦虑成因的研究［J］．心理学探新（1）：55-58．

国家职业分类大典和职业资格工作委员会，1999．中华人民共和国职业分类大典［M］．北京：中国劳动社会保障出版社．

国家职业分类大典修订工作委员会，2022．中华人民共和国职业分类大典：2022［M］．北京：中国劳动社会保障出版社．

韩婴，2020．韩诗外传集释［M］．北京：中华书局．

郝懿行，2017．尔雅义疏［M］．北京：中华书局．

何九盈，王宁，董琨，2019．辞源［M］．上海：商务印书馆．

何可，2016．农业废弃物资源化的价值评估及其生态补偿机制研究［D］．武汉：华中农业大学．

何可，张俊飙，张露，2015．人际信任、制度信任与农民环境治理参与意愿——以农业废弃物资源化为例［J］．管理世界（5）：75-88．

赫拉克利特，2007．赫拉克利特著作残篇：希腊语、英、汉对照［M］．桂林：广西师范大学出版社．

侯玉波，2018．社会心理学［M］．4版．北京：北京大学出版社．

胡琳丽，杨宜音，郭晓凌，2020．信任的"差序格局"与"中位优势"——当代中国"90后"青年的信任模式研究［J］．哈尔滨工业大学学报（社会科学版），22（5）：9．

胡平，孟昭兰，2000．依恋研究的新进展［J］．心理学动态（2）：26-32．

胡小武，韩天泽，2022．青年"断亲"：何以发生？何去何从？［J］．中国青年研究（5）：37-43．

胡俞，2011．人际信任论［D］．武汉：武汉大学．

黄光国，2021．"关系论"与"心性论"：儒家思想的开展与完成〔J〕．宗教心理学：23-42．

黄光国，胡先缙，2010．人情与面子：中国人的权力游戏〔M〕．北京：中国人民大学出版社．

黄敏，陈志财，2020．文化背景与差序信任：国内外研究综述〔J〕．外语电化教．

黄祎霖，2022．数字技术下青少年人际关系症候考察及多维重塑〔J〕．新生代（2）：11-15．

黄梓航，王俊秀，苏展，等，2021．中国社会转型过程中的心理变化：社会学视角的研究及其对心理学家的启示〔J〕．心理科学进展（12）：2246-2259．

纪连海，2019．纪连海谈孟子〔M〕．北京：石油工业出版社．

蒋来文，1990．北京、广州两市职业声望研究〔J〕．社会学与社会调查（4）．

金一虹，2010．流动的父权：流动农民家庭的变迁〔J〕．中国社会科学（4）：151-165．

李彩娜，孙颖，拓瑞，刘佳，2016．安全依恋对人际信任的影响：依恋焦虑的调节效应〔J〕．心理学报（8）：989-1001．

李春玲，2005a．当代中国社会的声望分层——职业声望与社会经济地位指数测量〔J〕．社会学研究（2）：74-102．

李春玲，2005b．断裂与碎片〔M〕．北京：社会科学文献出版社．

李路路，王鹏，2018．转型中国的社会态度变迁（2005—2015）〔J〕．中国社会科学（3）：83-101．

李芊维，邓洁，封又芳，等，2021．中学生亲社会行为与父母教养方式的关系：良心的中介作用［J］．心理学进展（2）：11：8．

李强，2005．"丁字型"社会结构与"结构紧张"［J］．社会学研究（2）：55-73．

李强，2019．当代中国社会分层［M］．上海：生活书店出版有限公司．

李山，轩新丽，2019．管子［M］．北京：中华书局．

李伟民，梁玉成，2002．特殊信任与普遍信任：中国人信任的结构与特征［J］．社会学研究（3）：2．

李文忠，王丽艳，2013．关系信任对知识分享动机及分享行为的影响［J］．经营与管理（2）：101-105．

李艳春，2014．社会交换与社会信任［J］．东南学术（4）：157-164．

李熠煜，2004．关系与信任［M］．北京：中国书籍出版社．

廉如鉴，2010．"差序格局"概念中三个有待澄清的疑问［J］．开放时代（7）：46-57．

廖本哲，简咏喜，2004．产品价值、品牌信任、品牌情感与品牌忠诚度关系之研究［J］．企业管理学报（61）：29-50．

林崇德，2003．心理学大辞典［M］．上海：上海教育出版社．

林南，黄育馥，1988．中国城市职业声望［J］．国外社会科学（6）：48-53．

刘春晖，辛自强，林崇德，2013．主题情境和信任特质对大学生信任圈的影响［J］．心理发展与教育，29（3）：255-261．

刘海明，贾梦琪，2022．微信拉票困境：人际传播与伦理心态的当代转型［J］．传媒观察（6）：70-78．

刘旭刚，彭聃龄，2005．词汇判断中汉语多义词识别的优势效应［J］．心理与行为研究（2）：116-120．

刘逊，2004．青少年人际交往自我效能感及其影响因素研究［D］．重庆：西南师范大学．

刘玉涛，卫莉，2014．信任概念的社会学辨析［J］．才智（13）：296-297．

卢艳秋，庞立君，王向阳，2018．变革型领导对员工失败学习行为影响机制研究［J］．管理学报（8）：1168-1176．

罗素，2016．罗素的极简智慧［M］．哲空空，编译．北京：北京时代华文书局．

马伟军，冯睿，席居哲，2015．"差序格局"的心理学记忆视角的初步验证［J］．心理学探新，35（6）：514-519．

马晓飞，杜伟，2015．差序信任概念及其实证研究述评［J］．心理科学进展．

牟永福，胡鸣铎，2014．基层政府信任资源的"公用地悲剧"现象及重建机制研究［J］．学习论坛（1）：52-55．

潘光旦，2010．儒家的社会思想［M］．北京：北京大学出版社．

庞立君，2018．变革型领导对员工失败学习行为的影响机制研究［D］．长春：吉林大学．

彭泗清，郑也夫，2003．中国社会中的信任［M］．北京：中国城市出版社．

彭希哲，胡湛，2015．当代中国家庭变迁与家庭政策重构［J］．中国社会科学（12）：113-132+207．

齐亚强，张子馨，2022．转型社会中的人际信任及其变迁［J］．社会学评论，10（2）：124-144.

祁玲玲，赖静萍，2014. 信任的差序格局与民主价值［J］. 江苏社会科学，273（2）：112-120.

曲文勇，韦伟，2020. 从礼尚往来到"礼上往来"——中国人情社会礼物态势发展流变［J］. 黑龙江社会科学（2）：82-86.

任继昉，刘江涛，2021. 释名［M］. 北京：中华书局.

荣格，2017. 寻找灵魂的现代人［M］. 方红，译. 北京：中国人民大学出版社.

司马迁，2020. 史记经典直读本［M］. 扬州：广陵书社.

宋鹏飞，2013. 社会转型期中国农村人际关系研究［D］. 哈尔滨：黑龙江省社会科学院.

苏岸，2020. 我国政府信任与社会信任的反向差序格局及其逻辑［D］. 武汉：华中师范大学.

孙立平，1996. "关系"、社会关系与社会结构［J］. 社会学研究（5）：22-32.

孙立平，2001. 社区、社会资本与社区发育［J］. 学海（4）：93-96.

孙琬琰，2023. 中小学生学校人际关系与幸福感的关联：情绪调节能力的中介作用［J］. 中国健康心理学杂志，31（1）：148-156.

谭江，张禹，梁立凡，等，2022. 社会交换理论视角下国际贸易谈判要点分析［J］. 现代商业（8）：67-69.

唐灿，陈午晴，2012. 中国城市家庭的亲属关系——基于五城市家庭结构与家庭关系调查［J］. 江苏社会科学（2）：92-103.

汪向东，王希林，马弘，1999. 心理卫生量表手册［M］. 北京：中国心理卫生杂志社．

王娟，2015a．金融风险中的社会信任研究［J］．北京金融评论（4）：163-175．

王娟，2015b．人际关系差序性对道德敏感性的影响研究［D］．长沙：湖南师范大学．

王俊秀，陈满琪，2022．中国社会心态研究报告［M］．北京：社会科学文献出版社．

王磊，郑孟育，2013．差序格局理论的重要诠释与框架建构［J］．梁宁师范大学学报（社会科学版），36（3）：318-325．

王丽丽，2017．单位认同与社区认同的互构［D］．长春：吉林大学．

王浦劬，郑姗姗，2019．政府回应、公共服务与差序政府信任的相关性分析——基于江苏某县的实证研究［J］．中国行政管理（5）：101-108．

王荣荣，2013．浅析母婴依恋的安全发展［J］．考试周刊（42）：195-196．

王绍光，刘欣，2002．信任的基础：一种理性的解释［J］．社会学研究（3）：17．

王水雄，2021．当代年轻人社交恐惧的成因与纾解［J］．人民论坛（10）：38-40．

王维，2005．王右丞诗集伐檀集［M］．长春：吉林出版集团有限责任公司．

王跃生，2006．当代中国家庭结构变动分析［J］．中国社会科学（1）：96-108．

王跃生，2013a．关于制度与人口关系的理论思考［J］．中国社会科学院研究生院学报（5）：129-138．

王跃生，2013b．近代之前流动人口入籍制度考察［J］．山东社会科学（12）：20-30．

王志梅，王婧，2005．初中生父母教养方式对子女个性影响的研究［J］．河北师范大学学报（教育科学版）（3）：80-83．

韦伯，2020．中国的宗教：儒教与道教［M］．康乐，简惠美，译．上海：上海三联书店．

尉建文，赵延东，2011．权力还是声望？——社会资本测量的争论与验证［J］．社会学研究，26（3）：64-83+244．

沃建中，林崇德，马红中，等，2001．中学生人际关系发展特点的研究［J］．心理发展与教育（3）：9-15．

吴结兵，李勇，张玉婷，2016．差序政府信任：文化心理与制度绩效的影响及其交互效应［J］．浙江大学学报（人文社会科学版），46（5）：157-169．

吴文，2015．人际关系差序性对中学生道德判断的影响研究［D］．长沙：湖南师范大学．

西美尔，2002．社会学［M］．林荣远，译．北京：华夏出版社．

辛自强，窦东徽，陈超，2013．学经济学降低人际信任？经济类专业学习对大学生人际信任的影响［J］．心理科学进展（1）：31-36．

熊剑峰，2008．大学生亲密关系满意感及其与依恋类型的关系研究［D］．南昌：江西师范大学．

徐苗，张莘，李雪婷，等，2015．中国新疆维汉间内隐信任态度研究［J］．西北民族研究，84（1）：5-18．

徐正英，2016a．春秋谷梁传［M］．北京：中华书局．

徐正英，2016b．说文解字［M］．北京：中华书局．

许慎，2015．说文解字［M］．长春：吉林美术出版社．

阎云翔，2006．差序格局与中国文化的等级观［J］．社会学研究（4）：201-213．

燕良轼，周路平，曾练平，2013．差序公正与差序关怀：论中国人道德取向中的集体偏见［J］．心理科学（5）：1168-1175．

杨国枢，2013．中国人的价值观：社会科学观点［M］．北京：中国人民大学出版社．

杨丽娜，2009．蒙古族中学生依恋发展与父母教养方式的关系研究［D］．呼和浩特：内蒙古师范大学．

杨中芳，彭泗清，1999．中国人人际信任的概念化：一个人际关系的观点［J］．社会学研究（2）：3-23．

叶明华，杨国枢，1997．家族主义与个人现代性：台湾社会的变迁［J］．本土心理学研究，8：1-34．

俞宪忠，2004a．是"城市化"还是"城镇"化——一个新型城市化道路的战略发展框架［J］．中国人口·资源与环境（5）：1-8．

俞宪忠，2004b．中国人口流动态势［J］．济南大学学报（社会科学版）（6）：71-74+92．

郁乐，2014．社会转型中的规范缺位与评价错位——关于"道德滑坡论"的理性反思［J］．伦理学研究（2）：18-22．

泽文，2022．岛上书店［M］．南京：江苏凤凰文艺出版社．

张宏润，2019．中学生社会信任与利他行为访谈调查［J］．科教文汇（35）：168-169．

张厚安，蒙桂兰，1993．完善村民委员会的民主选举制度 推进农村政治稳定与发展——湖北省广水市村民委员会换届选举调查［J］．社会主义研究（4）：38-43．

张康之，2005．在历史的坐标中看信任-论信任的三种历史类型［J］．社会科学研究（1）：11-17．

张苙云，谭康荣，2005．制度信任的趋势与结构：多重等级评量的分析策略［J］．台湾社会学刊（35）：75-126．

张秋凌，邹泓，2004．成人依恋研究在促进早期亲子关系中的应用［J］．中国心理卫生杂志（5）：306-308．

张圣洁，2019a．弟子规·小儿语·朱子家训·增广贤文［M］．杭州：浙江教育出版社．

张圣洁，2019b．论语［M］．杭州：浙江教育出版社．

张现苓，翟振武，陶涛，2020．中国人口负增长：现状、未来与特征［J］．人口研究，44（3）：3-20．

张要要，2022．反腐败能否提高社会信任：事实与机制［J］．廉政学研究（2）：179-203+282-283．

赵靓，2014．人际关系的差序性对个体共情效果的影响［D］．长沙：湖南师范大学．

赵娜，周明洁，陈爽，等，2014．信任的跨文化差异研究：视角与方法［J］．心理科学（4）：1002-1007．

郑也夫，2006．论信任［M］．北京：中国广播电视出版社．

中国社会科学院语言研究所，2016．现代汉语词典［M］．7版．北京：商务印书馆．

周大鸣，2022．差序格局与中国人的关系研究［J］．中央民族大学学报（哲学社会科学版），49（1）：17-24.

周福林，2014. 我国家庭结构变迁的社会影响与政策建议［J］. 中州学刊（9）：83-86.

周航，2022. 社会治理现代化视域下的人际关系研究［D］. 烟台：鲁东大学.

周媛，闫龙，吉晓勇，2020. 社会经济地位与差序信任：定量研究述评［J］. 心理科学进展.

周占杰，方奕，2016. 中国农村婚姻形态的流变［J］. 青年学报（1）：60-66.

朱海龙，2017. 多元文化与中美大学生道德教育［M］. 北京：社会科学文献出版社.

子思，2018. 中庸［M］. 南京：江苏科学技术出版社.

邹梦楠，2015. Projective mapping人际关系测量工具的信效度及应用研究［D］. 苏州：苏州大学.

邹宇春，敖丹，2011. 自雇者与受雇者的社会资本差异研究［J］. 社会学研究（5）：198-224.

二、英文参考文献

Aron A, Aron E N, Smollan D, 1992. Inclusion of Other in the Self Scale and the structure of interpersonal closeness［J］. Journal of personality and social psychology, 63（4）：596-612.

Berg J, Dickhaut J, Hughes J, et al., 1995. Capital market experience for financial accounting students［J］. Contemporary accounting research, 12

(1): 1-20.

Berg J, Dickhaut J, McCabe K, 1995. Trust, reciprocity, and social history [J]. Games and economic behavior, 10(1): 122-142.

Blair I V, Ma J E, Lenton A P, 2001. Imagining stereotypes away: the moderation of automatic stereotypes through mental imagery [J]. Journal of personality and social psychology, 81(5): 828-841.

Bowlby J, 1969. Attachment and loss [M]. New York: Basic Books.

Burns C, Conchie S, 2011. Measuring implicit trust and automatic attitude activation [M]//Lyon F, Mollering G, Saunders M, et al. Handbook of research methods on trust. London: Edward Elgar.

Burns C, Mearns K, McGeorge P, 2006. Explicit and implicit trust within safety culture [J]. Risk anal, 26: 1139-1150.

Caron A, Lafontaine M F, Bureau J F, et al., 2012. Comparisons of close relationships: an evaluation of relationship quality and patterns of attachment to parents, friends, and romantic partners in young adults [J]. Canadian journal of behavioural science, 44(4): 245-256.

Chernomordik L V, Zimmerberg J, 1995. Bending membranes to the task: structural intermediates in bilayer fusion [J]. Current opinion in structural biology, 5(4): 541-547.

Chua R Y J, Ingram P, Morris M W, 2008. From the head and the heart: locating cognition-andaffect-based trust in managers' professional networks [J]. Academy of management journal, 51(3): 436-452.

Chua R Y J, Morris M W, Ingram P, 2010. Embeddedness and new idea discussion in professional networks: the mediating role of affect-based trust

[J]. The journal of creative behavior, 44（2）：85-112.

Ciampichini R, Cozzolino P, Cortesi P, et al., 2014. Economic burden of stroke: analysis from an administrative database [J]. Value in health, 17（3）：A130.

Crowe N, 2022. A contagious cause: the American hunt for cancer viruses and the rise of molecular medicine by robin wolfe scheffler（review）[J]. Journal of the history of medicine and allied sciences, 77（1）：1-3.

Deutsch M, 1960. Trust, trustworthiness, and the F scale [J]. Journal of abnormal and social psychology, 61（1）：138-140.

Deutsch M, 1961. The interpretation of praise and criticism as a function of their social context [J]. Journal of abnormal and social psychology, 63（3）：394-400.

Dirks K T, Ferrin D L, 2002. Trust in leadership: meta-analytic findings and implications for research and practice [J]. The journal of applied psychology, 87（4）：611-628.

Fiske A P, 1992. The four elementary forms of sociality: framework for a unifiedtheory of social relations [J]. Psychological review, 99：689-723.

Fukushima F, 2017. Overlap between trait representation of self and other in relational contexts: a replication study of Ishii [J]. Japanese journal of social psychology, 33（2）：73-83.

Fukuyama F, 1995. Trust: the social virtues and the creation of prosperity [M]. London: Penguin Books.

Gambetta D, 2000. Can we trust trust? [G] //Gambetta D. Trust: making and breaking cooperative relations. New York: Basil blackwell: 213-237.

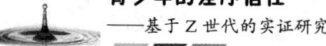

Greenfield P M, Maynard A E, Marti F A, 2009. Implications of commerce and urbanization for the learning environments of everyday life: a Zinacantec Maya family across time and space [J]. Journal of cross-cultural psychology, 40 (6): 935-952.

Greenwald A G, Banaji M R, 1995. Implicit social cognition: attitudes, self-esteem, and stereotypes [J]. Psychological review, 102: 4-27.

Grossmann I, Varnum M E W, 2011. Social class, culture, and cognition [J]. Social psychological and personality science, 2 (1): 81-89.

Homans G C, 1958. Social behavior as exchange [J]. American journal of sociology, 63 (6): 597-606.

Jung C G, 1921. Psychological types [M]. Princeton: Princeton University Press.

Kramer R M, 1999. Trust and distrust in organizations: emerging perspectives, enduring question [J]. Annual review of psychology, 50: 569-598.

Kuwahara Y, 2007. Cultural differences in trust: Americans and Japanese [J]. Journal of cross-cultural psychology, 38 (3): 123-145.

Levin D Z, Cross R, Abrams L C, 2004. Trust and knowledge sharing: a critical combination [J]. Journal of management, 30 (5): 587-598.

Lewis J D, Weigert A J, 1985. Social atomism, holism, and trust [J]. Sociological quarterly, 26 (4): 455-471.

Luce R D, Raiffa H, 1957. Games and decisions [J]. Physics today, 11 (3): 22-23.

Luhmann N, Poggi G, Burns T, 1979. Trust and power: two works [M]. Ann Arbor: University Microfilms.

McAllister D J, 1995. Affect-and cognition-based trust as foundations for interpersonal cooperation in organizations [J]. The academy of management journal, 38(1): 24-59.

Meyerson D, Weick K E, Kramer R M, 1996. Swift trust and temporary groups [M] //Kramer R, Tyler T. Trust in organizations: Frontiers of theory and research. Thousand Oaks: SAGE.

Mikulincer M, 1998. Attachment theory and interpersonal trust: the role of attachment styles in shaping trust in close relationships [J]. Journal of personality and social psychology, 74(5): 1209-1224.

Mikulincer M, Hirschberger G, Nachmias O, et al., 2001. The affective component of the secure base schema: affective priming with representations of attachment security [J]. Journal of personality and social psychology (2): 305-321.

Mikulincer M, Shaver P R, 2007. Attachment in adulthood [M]. New York: Guilford Press.

Nosek B A, Banaji M R, 2001. The Go/No-go association task [J]. Social cognition, 19: 625-666.

Postman N, 1982. The disappearance of childhood [M]. New York: Vintage.

Rempel J K, Ross M, Holmes J G, 2001. Trust and communicated attributions in close relationships [J]. Journal of personality and social psychology, 81(1): 57-64.

Rotter J B, 1967. A new scale for the measurement of interpersonal trust. [J].Journal of personality, 35（4）: 651-665.

Rotter J B, 1971. Generalized expectancies for interpersonal trust [M]. American Psychologist, 26: 443-452.

Rotter J B. , 1980. Interpersonal trust, trustworthiness, and gullibility [J]. American psychologists, 35（1）: 1-7.

Royse D, Rompf E L, 1991. Self-identity as a helping professional: an exploratory study [J]. Psychological reports, 69: 1131-1138.

Sanchez-Burks J, Lee F, Choi I, et al., 2003. Conversing across cultures: East-West communication styles in work and non-work contexts [J]. Journal of personality and social psychology, 85（2）: 363-372.

Sanchez-Burks J, Maddux W, Huy Q N, 2009. The influence of Eastern and Western societal cultures in managing strategic change [J]. Journal of international business studies, 40（6）: 1099-1112.

Sumner W G, 1906. Folkways [M]. New York: Ginn Press.

Tropp L R, 2009. The role of trust in intergroup contact: its significance and implications for improving relations between groups [M]. Oxford: Blackwell Publishing.

Welberg L A M, Seckl J R, Holmes M C, 2001. Prenatal glucocorticoid programming of brain corticosteroid receptors and corticotrophin-releasing hormone: possible implications for behaviour [J]. Neuroscience, 104（1）: 71-79.

Williams B J, Kaufmann L M, 2012. Reliability of the Go/No go association task [J]. Journal of experimental social psychology, 48: 879-891.

附　录　调查问卷

一、基本资料

年级：□七年级　□八年级　□九年级
　　　□高中一年级　□高中二年级　□高中三年级

性别：□男　□女

年龄：____岁

你的家庭所在地：□城市　□农村

二、青少年亲缘关系差序信任现状调查问卷

提炼出的23个关系词汇见附图1。

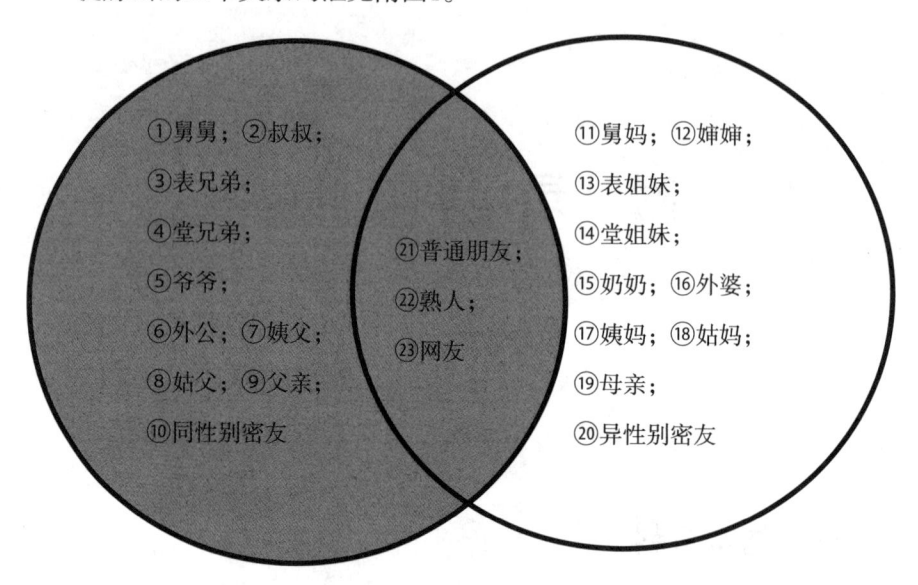

①舅舅；②叔叔；
③表兄弟；
④堂兄弟；
⑤爷爷；
⑥外公；⑦姨父；
⑧姑父；⑨父亲；
⑩同性别密友

㉑普通朋友；
㉒熟人；
㉓网友

⑪舅妈；⑫婶婶；
⑬表姐妹；
⑭堂姐妹；
⑮奶奶；⑯外婆；
⑰姨妈；⑱姑妈；
⑲母亲；
⑳异性别密友

附图1　23个关系词汇

根据你和他的亲密程度，请按照顺序选出前十位排序，并将序号填写在括号内。和你最亲密的前十位依次是（　）（　）（　）（　）（　）（　）（　）（　）（　）（　）。

信任是指你认为某人是否可靠、是否值得信赖的程度。1代表"你对他/她的信任程度较低"；2代表"你对他/她的信任程度一般"；3代表"你对他/她的信任程度尚可"；4代表"你对他/她的信任程度较高"；5代表"你对他/她信任程度最高"。请根据实际情况，选出你对以下全部人的信任程度。

舅舅	□1.较低	□2.一般	□3.尚可	□4.较高	□5.很高
叔叔	□1.较低	□2.一般	□3.尚可	□4.较高	□5.很高
表兄弟	□1.较低	□2.一般	□3.尚可	□4.较高	□5.很高

堂兄弟	□1.较低	□2.一般	□3.尚可	□4.较高	□5.很高
爷爷	□1.较低	□2.一般	□3.尚可	□4.较高	□5.很高
外公	□1.较低	□2.一般	□3.尚可	□4.较高	□5.很高
姨父	□1.较低	□2.一般	□3.尚可	□4.较高	□5.很高
姑父	□1.较低	□2.一般	□3.尚可	□4.较高	□5.很高
父亲	□1.较低	□2.一般	□3.尚可	□4.较高	□5.很高
同性别密友	□1.较低	□2.一般	□3.尚可	□4.较高	□5.很高
舅妈	□1.较低	□2.一般	□3.尚可	□4.较高	□5.很高
婶婶	□1.较低	□2.一般	□3.尚可	□4.较高	□5.很高
表姐妹	□1.较低	□2.一般	□3.尚可	□4.较高	□5.很高
堂姐妹	□1.较低	□2.一般	□3.尚可	□4.较高	□5.很高
奶奶	□1.较低	□2.一般	□3.尚可	□4.较高	□5.很高
外婆	□1.较低	□2.一般	□3.尚可	□4.较高	□5.很高
姨妈	□1.较低	□2.一般	□3.尚可	□4.较高	□5.很高
姑姑	□1.较低	□2.一般	□3.尚可	□4.较高	□5.很高
母亲	□1.较低	□2.一般	□3.尚可	□4.较高	□5.很高
异性别密友	□1.较低	□2.一般	□3.尚可	□4.较高	□5.很高
普通朋友	□1.较低	□2.一般	□3.尚可	□4.较高	□5.很高
熟人	□1.较低	□2.一般	□3.尚可	□4.较高	□5.很高
网友	□1.较低	□2.一般	□3.尚可	□4.较高	□5.很高

三、青少年等级关系差序信任的现状调查问卷

以下3张图片（附图2～附图4）代表3种不同的等级关系。注意：等级

高是指社会地位高、能力强、权威性强、影响力大等。

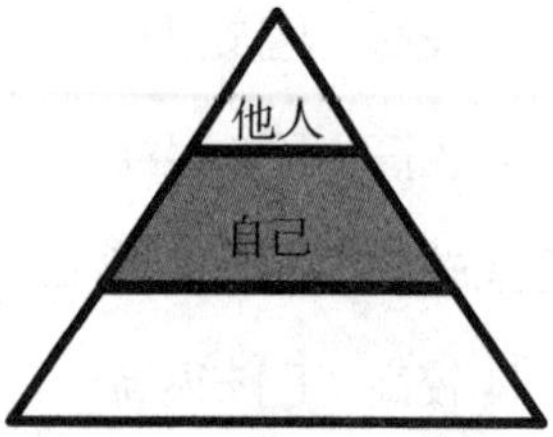

附图2 他人的等级比你高 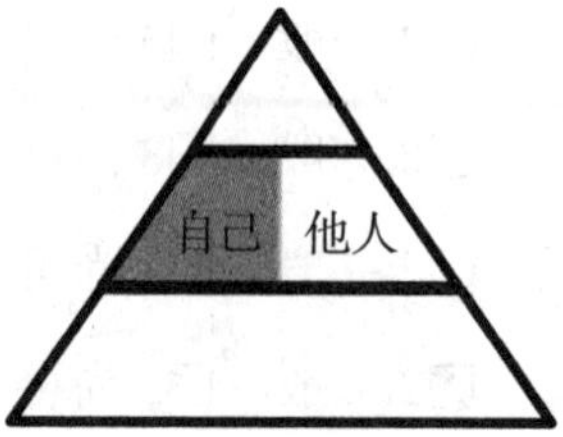　附图3 他人的等级和你差不多 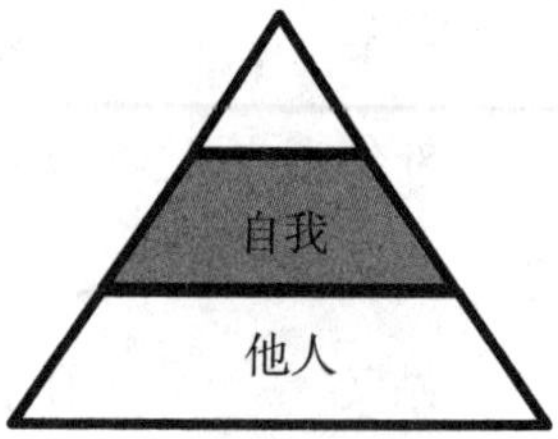　附图4 他人等级比你低

假如你认为校长的等级比你高，那校长属于附图2的等级关系。他人包括亲人、朋友、教师、邻居、同学等全部你能想到的人。

1.你认为（　）的等级比你高，如附图2所示。你对他的信任程度：□1.较低 □2.一般 □3.尚可 □4.较高 □5.很高

2.你认为（　）的等级和你差不多，如附图3所示。你对他的信任程度：□1.较低 □2.一般 □3.尚可 □4.较高 □5.很高

3.你认为（　）的等级比你低，如附图4所示。你对他的信任程度：□1.较低 □2.一般 □3.尚可 □4.较高 □5.很高

四、青少年信任圈层差序信任的现状调查——职业声望调查问题

职业声望是人们心中对各类职业的地位、社会影响力等因素的综合评价。请你根据心中对各类职业地位和社会影响力的综合评价，为下列职业的职业声望打分，最高分100，最低分0。

1.快递员　　　　　　　　　　　　　　　　（　　）

2.保安　　　　　　　　　　　　　　　　　（　　）

3.商贩　　　　　　　　　　　　　　　　　（　　）

4.网络直播带货员　　　　　　　　　　　(　　)

5.工人　　　　　　　　　　　　　　　　(　　)

6.商人　　　　　　　　　　　　　　　　(　　)

7.中小学教师　　　　　　　　　　　　　(　　)

8.地方公务员　　　　　　　　　　　　　(　　)

9.军人　　　　　　　　　　　　　　　　(　　)

10.教授　　　　　　　　　　　　　　　 (　　)

11.政府机构领导干部　　　　　　　　　　(　　)

12.医生　　　　　　　　　　　　　　　　(　　)

13.律师　　　　　　　　　　　　　　　　(　　)

14.工程师　　　　　　　　　　　　　　　(　　)

五、青少年信任圈层差序信任现状调查——信任程度调查问卷

1.你认为"职业是平等的，无高低贵贱之分"这句话是否正确？

☐1.非常不正确

☐2.不太正确

☐3.说不清

☐4.比较正确

☐5.十分正确

2.请问12和3的和是多少？

　　☐13　　　☐14　　　☐15　　　☐16　　　☐17

```
          政府机构领导干部
       教授、医生、工程师、律师
     中小学教师、军人、地方公务员
           商人、工人
    快递员、保安、网络直播带货员、商贩
```

附图5　职业声望1~5级

3.如附图5所示,你觉得你的父母的职业最接近哪个层级(由下到上分别为第1、第2、第3、第4、第5层级)?

□第1层　　□第2层　　□第3层　　□第4层　　□第5层

4.信任是指你认为某人是否可靠、是否值得信赖的程度。你对以下职业的信任程度如何?

你对"工人"的信任程度

□1.较低　□2.一般　□3.尚可　□4.较高　□5.很高

你对"商贩"的信任度

□1.较低　□2.一般　□3.尚可　□4.较高　□5.很高

你对"快递员"的信任度

□1.较低　□2.一般　□3.尚可　□4.较高　□5.很高

你对"保安"的信任度

□1.较低　□2.一般　□3.尚可　□4.较高　□5.很高

你对"中小学教师"的信任度

□1.较低　□2.一般　□3.尚可　□4.较高　□5.很高

你对"商人"的信任度

□1.较低　□2.一般　□3.尚可　□4.较高　□5.很高

你对"律师"的信任度

□1.较低　□2.一般　□3.尚可　□4.较高　□5.很高

你对"政府机构领导干部"的信任度

□1.较低　□2.一般　□3.尚可　□4.较高　□5.很高

你对"军人"的信任度

□1.较低　□2.一般　□3.尚可　□4.较高　□5.很高

你对"工程师"的信任度

□1.较低　□2.一般　□3.尚可　□4.较高　□5.很高

你对"医生"的信任度

□1.较低　□2.一般　□3.尚可　□4.较高　□5.很高

你对"教授"的信任度

□1.较低　□2.一般　□3.尚可　□4.较高　□5.很高

你对"网络直播带货员"的信任度

□1.较低　□2.一般　□3.尚可　□4.较高　□5.很高

你对"地方公务员"的信任度

□1.较低　□2.一般　□3.尚可　□4.较高　□5.很高

六、亲疏关系对青少年的信任影响调查问卷

在附图6中，一个圆圈代表你自己，另一个圆圈代表他人，重叠部分代表自己和他人的亲密程度。重叠面积越大，表示你们之间越亲近。从附图1中选出合适的人选填写。

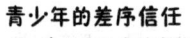

(a) 关系十分亲密　（b) 较为亲密　（c) 亲密程度一般　（d) 亲密程度较低　（e) 无亲密关系

附图6　亲密程度

1.附图6（a）表示你和某个人之间的关系十分亲密。你想到了哪个人，序号为（　）。

此人告诉你他急需用钱，希望你能够借钱给他，并表示会在一周后还你。你是否相信他会在一周后还钱？

☐1.特别不信任

☐2.有点儿不信任

☐3.说不清

☐4.比较信任

☐5.十分信任

你手头共有100元零用钱，你会选择借（　）元给他。（如不借，则填0；最高不超过100元。）

2.附图6（b）表示你和某个人之间的关系比较亲密。你想起了哪个人，序号为（　）。

此人告诉你他急需用钱，希望你能够借钱给他，并表示会在一周后还你。你是否相信他会在一周后还钱？

☐1.特别不信任

☐2.有点儿不信任

☐3.说不清

☐4.比较信任

☐5.十分信任

你手头共有100元零用钱，你会选择借（　）元给他。（如不借，则填0；最高不超过100元。）

3.附图6（c）表示你们之间的亲密度一般。你想起了哪个人，序号为（　）。

此人告诉你他急需用钱，希望你能够借钱给他，并表示会在一周后还你。你是否相信他会在一周后还钱？

□1.特别不信任

□2.有点儿不信任

□3.说不清

□4.比较信任

□5.十分信任

你手头共有100元零用钱，你会选择借（　）元给他。（如不借，则填0；最高不超过100元。）

4.附图6（d）表示你们之间的亲密度较低。你想起了哪个人，序号为（　）。

此人告诉你他急需用钱，希望你能够借钱给他，并表示会在一周后还你。你是否相信他会在一周后还钱？

□1.特别不信任

□2.有点儿不信任

□3.说不清

□4.比较信任

□5.十分信任

你手头共有100元零用钱，你会选择借（　）元给他。（如不借，则填0；最高不超过100元。）

5.附图6（e）表示你们之间无亲密关系。你想起了哪个人，序号为（　）。

此人告诉你他急需用钱，希望你能够借钱给他，并表示会在一周后还你。你是否相信他会在一周后还钱？

□1.特别不信任

□2.有点儿不信任

□3.说不清

□4.比较信任

□5.十分信任

你手头共有100元零用钱，你会选择借（　）元给他。（如不借，则填0；最高不超过100元。）

七、等级差序关系对青少年信任影响调查问卷

附图2～附图4代表3种不同的等级关系。

假如你认为某人的权威性比你高，那某人应该属于附图2的等级关系。他人包括亲人、朋友、教师、邻居、同学等全部你能想到的人。

1.你认为（　）的等级或权威比你高，如附图2所示。

此人说他遇到紧急情况急需用钱，在网络上发起了捐款求助。你是否相信此人真的需要被捐款？

□1.特别不信任

□2.有点儿不信任

□3.说不清

□4.比较信任

□5.十分信任

你刚好有100元零用钱,你会选择捐( )元给此人。(如果不捐,则填写0;最高不超过100元。)

2.你认为( )的等级和权威和你差不多,如附图3所示。

此人说他遇到紧急情况急需用钱,在网络上发起了捐款求助。你是否相信此人真的需要被捐款?

□1.特别不信任

□2.有点儿不信任

□3.说不清

□4.比较信任

□5.十分信任

你刚好有100元零用钱,你会选择捐( )元给此人。(如果不捐,则填写0;最高不超过100元。)

3.你认为( )的等级和权威比你低,如附图4所示。

此人说他遇到紧急情况急需用钱,在网络上发起了捐款求助。你是否相信此人真的需要被捐款?

□1.特别不信任

□2.有点儿不信任

□3.说不清

□4.比较信任

□5.十分信任

你刚好有100元零用钱,你会选择捐( )元给此人。(如果不捐,则填写0;最高不超过100元。)

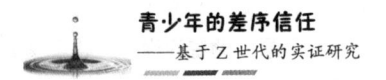

八、职业声望对青少年信任判断和信任决策影响调查问卷

1.你认为"职业是平等的,无高低贵贱之分"这句话是否正确?

☐1.非常不正确

☐2.不太正确

☐3.说不清

☐4.比较正确

☐5.十分正确

2.请问2加3等于几?

☐2 ☐3 ☐4 ☐5 ☐6

3.如附图5所示,你是否赞同以上职业声望等级排序?

☐1.十分不赞同

☐2.不太赞同

☐3.说不清

☐4.比较赞同

☐5.十分赞同

4.现在网络上发起了一项道德模范评选的投票活动,共有A、B、C、D、E 5名候选人。他们5人均将自己描述为"道德高尚,清清白白,为社会或集体做出了努力和贡献,忠诚,对他人守信,是一个值得信赖的人"。

A的职业属于低声望组(快递员、保安、网络直播带货员、商贩等),B的职业属于中声望组(商人、工人等),C的职业属于中等声望组(军人、地方公务员等),D的职业属于中高声望组(教授、医生、工程师、律师等），E的职业属于高声望组（政府机构领导干部等）。请你对A、B、C、D、E 5人的自我描述信任程度进行信任评分。

（1）判断评分。

你对A的自我描述信任程度：□1.特别不信任，□2.有点儿不信任，□3.说不清，□4.比较信任，□5.十分信任

你对B的自我描述信任程度：□1.特别不信任，□2.有点儿不信任，□3.说不清，□4.比较信任，□5.十分信任

你对C的自我描述信任程度：□1.特别不信任，□2.有点儿不信任，□3.说不清，□4.比较信任，□5.十分信任

你对D的自我描述信任程度：□1.特别不信任，□2.有点儿不信任，□3.说不清，□4.比较信任，□5.十分信任

你对E的自我描述信任程度：□1.特别不信任，□2.有点儿不信任，□3.说不清，□4.比较信任，□5.十分信任

（2）信任决策评分。

你有10票为A投票的权限，即你最多可以投10张票给A，你会给A投（　）票。

你有10票为B投票的权限，即你最多可以投10张票给B，你会给B投（　）票。

你有10票为C投票的权限，即你最多可以投10张票给C，你会给C投（　）票。

你有10票为D投票的权限，即你最多可以投10张票给D，你会给D投（　）票。

你有10票为E投票的权限，即你最多可以投10张票给E，你会给E投（　）票。

后 记

本书的写作过程，既是一次学术探索的旅程，也是一次对Z世代青少年信任问题的深刻反思。随着社会的快速变迁，尤其是互联网技术的迅猛发展，青少年的成长环境、思维方式、价值观和人际关系都发生了显著的变化。作为伴随互联网成长的一代，Z世代的青少年在信任构建上呈现出与传统社会不同的特点。我们希望通过本书的研究，能够为理解这一代青少年的信任模式提供新的视角，并为教育工作者、家长和政策制定者提供有价值的参考。

在本书的写作过程中，我们深感信任这一主题的复杂性和多维性。信任不仅是人际关系的基石，也是社会协作的前提，更是青少年成长过程中不可或缺的情感支撑。然而，随着社会环境的变化，尤其是数字化和全球化的双重影响，青少年建立信任的方式和对象也在悄然改变。传统的信任模式往往基于面对面的互动和长期的交往。而在数字化时代，青少年更多地通过虚拟空间建立联系，信任的构建也因此变得更加复杂和多维。

本书的研究基于大量的调查数据和案例分析，试图揭示Z世代青少年

后 记

在信任构建中的独特模式。我们关注的核心问题是在数字化和全球化的双重影响下，Z世代青少年如何定义信任？他们在不同情境下如何分配信任？他们的信任模式与前辈相比有何异同？通过对这些问题的探讨，我们希望能够为教育工作者、家长以及政策制定者提供有价值的参考，帮助他们更好地理解和支持青少年的成长。

在本书的写作过程中，我们得到了许多人的帮助和支持。首先，我们要感谢韶关学院和华南师范大学的领导和同事们，他们为我们的研究提供了宝贵的资源和平台。其次，我们要感谢参与我们调查和实验的青少年们，他们的真诚和坦率为我们提供了丰富的数据和深刻的洞察。最后，我们要感谢我们的家人和朋友，他们的理解和支持让我们能够全身心地投入到这项研究中。

当然，本书的研究和写作定有疏漏之处，我们欢迎各位读者不吝赐教。信任是一个永恒的话题，随着社会的不断发展，信任的内涵和表现也会不断变化。我们希望通过这本书，能够引发更多人对青少年信任问题的关注，也期待能够为构建更加包容和理解的社会贡献一份力量。

王礼申　席丹丹

2025年3月